Фронтовая иллюстрация

独ソ戦車戦シリーズ
14

重突撃砲
フェルディナント

ソ連軍を震撼させたポルシェ博士のモンスター兵器

著者
マクシム・コロミーエツ
Максим КОЛОМИЕЦ

翻訳
小松徳仁
Norihito KOMATSU

ФЕРДИНАНД
БРОНИРОВАННЫЙ
СЛОН
ПРОФЕССОРА ПОРШЕ

大日本絵画
dainipponkaiga

目次　contents

- 3 ● 序文
- 5 ● 第1章
  認められないポルシェ
  НЕПРИЗНАННЫЙ ПОРШЕ
- 17 ● 第2章
  誕生した怪物
  РОЖДЕНИЕ МОНСТРА
- 31 ● 第3章
  フェルディナントの構造
  УСТРОЙСТВО «ФЕРДИНАНДА»
- 47 ● 第4章
  "クルスク"での戦闘デビュー
  БОЕВОЙ ДЕБЮТ НА «КУРСКОЙ ДУГЕ»
- 77 ● 第5章
  ニーコポリ橋頭堡にて
  НА НИКОПОЛЬСКОМ ПЛАЦДАРМЕ
- 105 ● 第6章
  フェルディナントだと？　いいや、エレファントだ！
  «ФЕРДИНАНД»？ НЕТ, «ЭЛЕФАНТ»！
- 114 ● 第7章
  イタリア作戦
  ИТАЛЬЯНСКАЯ КАМПАНИЯ
- 118 ● 第8章
  1944年
  ГОД 1944–Й
- 127 ● 第9章
  最後の戦い
  ПОСЛЕДНИЕ БОИ
- 129 ● 第10章
  ソ連におけるフェルディナント
  «ФЕРДИНАНДЫ» В СССР
- 81 ● カラーイラスト

原書スタッフ

発行所／有限会社ストラテーギヤKM
　　住所／ロシア連邦　127510　モスクワ市　ノヴォドミートロフスカヤ通り5-A　16階　1601号室
　　電話／7-495-787-3610　E-mail／magazine@front.ru　Webサイト／www.front2000.ru
有限会社ヤウザ出版
　　住所／ロシア連邦　127299　モスクワ市　クラーラ・ツェートキン通り18/5
　　電話／7-495-745-5823
エクスモ出版
　　住所／ロシア連邦　127299　モスクワ市　クラーラ・ツェートキン通り18/5
　　電話／7-495-411-6886、7-495-956-3921　E-mail／info@eksmo.ru　Webサイト／www.eksmo.ru
著者／マキシム・コロミーエツ　　　DTP／E・エルマコーヴァ　　　編集／N・ソボリコーヴァ
校正／R・コロミーエツ　　　　　　製図／V・マリギーノフ　　　　カラーイラスト／S・イグナーチエフ、A・アクショーノフ
装丁／P・ヴォルコフ　　　　　　　表紙イラスト／V・ペテーリン

■訳者及び日本語版編集部注は［　］内に記した。

序文　ВВЕДЕНИЕ

　ドイツの重突撃砲フェルディナントが第二次世界大戦期の最も輝かしい、最も有名な自走砲であることに疑いの余地はない。旧ソ連の学校で歴史を学んだ誰もが、最も有名な機甲兵器として挙げるのがT-34、ティーガー、パンター、そしてもちろんフェルディナントだ。

　この兵器はあらゆる面で興味深い。第一に、これは著名な自動車設計者にして、あのフォルクスワーゲンの父となったフェルディナント・ポルシェ博士が開発した機甲兵器のなかで、戦闘車両に採用された唯一のものであった（ポルシェはいくつかの戦車を開発したが、それらはすべて図面のままか試作品の段階で終わった）。第二に、フェルディナント自走砲は電気式トランスミッションを備えていた——このような装置を持つ機甲兵器はその前にも後にも量産されることがなかった。第三に、生産された車両の数は少なかったにもかかわらず（全部で90両）、"フェルディナント"は歴史にかなり大きな足跡を残すこととなった——多くの文学作品や回顧録、それに『大祖国戦争』関係文書のなかで、この自走砲はクルスク戦に始まり、ベルリン攻防戦に至るまであらゆる前線に数多く現れることになる［旧ソ連・ロシアでは第二次世界大戦の主に独ソ戦を、『祖国戦争』（1812年の対仏ナポレオン戦争）に対して『大祖国戦争』と呼ぶ］。

　だが、今日に至るまでこの兵器に関する情報は極めて乏しく、しかもそれは数々の伝説と憶測で覆われている。旧ソ連と現在のロシアにおいては本テーマに関する真剣な研究は見られず、いくつかの論文や小冊子があったとはいえ不正確な点が多々ある。ロシア国外の状況はいくらかましであるが、それでもフェルディナントの歴史にまつわる疑問のすべてを取り払ってくれるわけではない。

　西側の文献で最も充実しているのは、フェルディナントの戦歴に関する記述である。ただしドイツ側の資料に基づくものであり、当然ながら、そこに登場するフェルディナントは敵戦車を百両単位で殲滅している。また、非常に多くの疑問が沸き起こってくるのが、この興味深い戦闘車両の開発史である。例えばF・ポルシェ設計のティーガー戦車が結局何両製造されたのか、そしてフェルディナントへと移行した90両分のシャシーはいったいどこから調達したのか、という疑問が出てくる。

　本書において筆者は自国（旧ソ連・ロシア）と外国の資料——書籍、公文書、回想——に基づいてフェルディナント自走砲の開発史と戦歴を再現しようと試みた。それがどの程度成功したかは、読者諸兄のご判断に委ねたい。

　本書の準備に多大な支援と助言を惜しまなかった友人のアンドレイ・クラピヴノーフ、イリヤー・ペレヤスラーフツェフ、ウラジーミル・ロパーチン、アレクセイ・コビャコーフに厚くお礼を申し上げたい。

1

第1章

認められないポルシェ
НЕПРИЗНАННЫЙ ПОРШЕ

　突撃砲フェルディナントの誕生はドイツ重戦車ティーガーの開発と密接なかかわりがある。そこでまずは後者の歴史を簡単に見ておこう。

　1937年初頭、ヘンシェル社は帝国武器弾薬省（軍需省）から18トン戦車Pz.Ⅳよりも重量を50％増し、50mmの装甲厚を持つ"突破"戦車を開発する課題を受け取った。1937年から1938年の間に、トランスミッションと走行装置の構造が異なる2種類のプロトタイプ、DW1とDW2（突破車）が製造された。両方ともテストは砲塔の代わりに、金属板でつくったバラストを載せて実施された。だが、DW1もDW2も設計に軍が満足することができず、試作型のままで終わった。

　そこで1938年の9月に軍需省はヘンシェル社との間に、これまでのDW車の欠点をすべて考慮した新たな突破戦車の開発に関する契約を結んだ。作業は長引き、ようやく1941年3月になってVK3001（H）のコードを受領した試作車両がテストに入った。新しい車両は前述の2両と同じくヘンシェル社の新開発課E・アーダース課長の指揮下で設計され、30〜50mmの厚さの装甲を持ち、300馬力のエンジンは重量32トンの車両に最大で時速30kmの速度を出させた（シャシーには砲塔の代わりに金属板のバラストを載せてテスト）。同車の走行装置は転輪が交互はさみ込み式に配置されているが、これは後にドイツの戦車製造において広く普及することとなる。1941年には全部で4両のプロトタイプが製造された（クルップ社が開発中の砲塔はまだ完成していなかった）。

　1939年には突破戦車の設計に、かの有名な"国民車"の開発者であるF・ポルシェ博士が加わった。アドルフ・ヒットラーは彼を第三帝国の最も有能な技師のひとりと見なして大変好意を抱いていた。だが、シュトゥットガルトにあったポルシェ自身の会社は試作戦車の製造に必要な生産能力さえ持たなかったので、ヒットラーの指示によりオーストリアのザンクト・ヴァレンティン市にあるニーベルンゲン製作所（ヴェルケ）がポルシェの采配に移された。この会社は巨大な機械製作コンツェルンのシュタイアー・ダイムラー・プッフ社の傘下にあった企業である。

　1940年にレオパルトの名前を持ち、後にVK3001（P）の正式名称を受領することになる、100式戦車（Typ100）のシャシーがテ

1：前線に向かって行軍中の重突撃砲フェルディナント。第653重戦車駆逐大隊、1943年7月。車体上部の砲固定具が見える。（ストラテーギヤKM社所蔵、以下ASKM）

2：VK4501（P）シャシーのテスト。オーストリア、1942年夏。砲塔のかわりに重量調整のためのバラストが搭載されている。先頭車両の車体前面装甲板にはシャシー番号150023が見える。（ヤーヌシュ・マグヌスキー氏提供、以下JM）。

　スト入りした。これはポルシェが設計し、ニーベルンゲンヴェルケの作業場で組み立てられた最初の戦車であった――それ以前、この企業は機甲兵器に携わったことがなかったのだ。
　ヘンシェル社のプロトタイプVK3001（H）と同様、レオパルト戦車もまた砲塔ではなく、バラストを載せてのテストとなった。この戦車は30トンの重量と最大80㎜の装甲を有していた。同車には独自な設計の懸架装置が使用されていた――かなり複雑ではあるが、車体の外側に縦に配置されたトーションバーによって非常に効果的な懸架装置を備えた3つのスイングボギーホイール（揺動台車）に、片側計6個の転輪が装着されている。
　VK3001（P）のもう一つの"魅力"は電気式トランスミッションであった――それぞれ210馬力の2基のキャブレター付エンジン（F・ポルシェ設計、オーストリア企業ジーメリンク・グラーツ・パウカー社製造）が2基の発電機を回転させる。そして発電機は2基の電気モーターを動かし、そこからの駆動力が戦車の起動輪に伝達される。このような構造は戦車操縦のプロセスをかなり容易にした――ギアをチェンジする代わりに制御レバーを滑らかに動かすだけでよかった。だが、その信頼性は改善の余地を残してもいた。とにもかくにもポルシェは自分の戦車を"実用に足る"よう仕上げる希望を捨てず、設計者たちが最初の車両の欠点を解消しようと試みたVK3001（P）の改良型は1941年の初頭にテストを向かえることとなった。
　1941年4月26日、ベルクホフでの会議に出席したA・ヒットラーはこう言った――「戦車の兵装には8.8㎝砲（もしくは7.5㎝口径漸

減砲）を用いることが不可欠である。それらは敵の戦車との戦闘や永久・野戦防御施設の破壊に効果的に使用されるであろう」。88㎜砲の設計はFlak36対空砲の揺架をベースに計画され、75㎜砲の方はラインメタル社によって新規に開発が進められていた。

それからひと月後──1941年5月26日、ベルグホフではドイツ戦車部隊の拡充に関する会議が開かれた。そこにはA・ヒットラー、軍需大臣のF・トート博士、K・ザウアー陸軍兵器局戦車課長と課長代理のフィリップス大佐ならびにヴィルケ中佐、兵器局開発課E・クニップカンフ参事、軍需省"戦車委員会"議長のF・ポルシェ博士（同委員会は1940年に設けられ、新型機甲兵器の開発を担当：著者注）、それにシュタイアー・ダイムラー・プッフ社の社長が出席した（ポルシェ設計のVK3001(P)は同社で製造された）。会議の席でヒットラーは、ドイツ国防軍部隊がイギリス領に侵攻する際に大量に遭遇するであろう英軍戦車マチルダを相手にした対戦手段を開発する上での様々な問題に特別な関心を向けた（この当時、同様な作戦の策定が積極的に進められていた）。

それと同時に、新型のVK3001(H)とVK3001(P)の設計とテストの経過報告が行われ、両車の模型が提示された。両車の計画は総統の肯定的評価を受け、ヒットラーはさらに前面装甲厚を100㎜まで増強し、両車の兵装を強化するよう望んだ（当初はⅣ号戦車の75㎜砲L/24または105㎜砲L/28の搭載が計画されていた）。検討の結果、厚さ100㎜の装甲を持ち、75㎜口径漸減砲で兵装した重戦車VK3601(H)の設計をヘンシェル社に発注することが決定された。ポルシェ博士は類似の、しかし88㎜砲を搭載した兵器、VK4501(P)を開発する課題を受け取った。2種類の戦車の砲塔の開発はクルップ社に任された。この新型兵器のプロトタイプは1942年の春に完

3：軍需省へのプレゼンテーションに向けて、クルップ社製砲塔を載せたポルシェ博士のティーガー戦車。（ASKM）

成し、その後、少数ではあるがこれらの生産を開始することが想定された——例えばヒットラーは各戦車師団の編制に重戦車を20両ずつ加えることを提案していた。

最初に課題を達成したのはヘンシェル社であった——すでに1941年の夏にVK3601(H)のプロトタイプがテストに入った。新しい兵器は多くの点でVK3001(H)の構造を引き継いでいたが、より強力なエンジンと改造されたトランスミッション、さらに直径を増した転輪を持ち、その他一連の変更が加えられていた。テストはかなり順調に進んでいたが、兵器の最終的な調整作業は兵装に伴う問題から長引くこととなった。

当初の75mm口径漸減砲Waffe0725がラインメタル社で完成したのはようやく1941年11月1日になってのことだったので、その年末までに組み立てることのできた砲はわずか12門に過ぎなかったのである。さらに、良好なテスト結果にもかかわらず、新型砲の開発にはまだ問題が発生した。第一に、口径漸減砲身の製造が非常に複雑かつ高コストであることが明らかとなり、第二に、Waffe0725用の徹甲弾には、ドイツで不足していたタングステンが（砲弾1発に約1kg）使用されていた。F・トート軍需大臣の報告によると、1941年11月時点のドイツ帝国領内のタングステン備蓄量は約700トンであった。検討の結果、VK3601(H)の主兵装にWaffe0725を採用することは取りやめられた。

この状況からの出口はかなり早く見つかった——クルップ社がF・ポルシェ博士に相談して、ポルシェのVK4501(P)用に開発中だった88mm砲をVK3601(H)に搭載するよう提案したからだ。

その結果、新しいシャシーが誕生し、VK4501(H)というコードが付けられた。前の車両と異なるのは、車体上部を拡張し——より強力な砲の搭載は砲塔旋回リングの拡大を必要としたからだ——、走行装置が改造され、新しいエンジンを搭載した点であり、またトランスミッション、その他一連の装置も異なっていた。VK4501(H)のテストは1942年の初めに始まった。

F・ポルシェの指揮下に開発が行われていたVK4501(P)戦車（形式番号はTyp101）に関する作業はそれほど迅速に進んだわけではなかった——電気式トランスミッションの不完全な構造が影響していた。これを重戦車に使用するには一連の技術的問題を解決する必要があったのだ。そのため、並行して油圧式トランスミッションの設計も行われ、同じ走行装置に取り付けられた（形式番号はTyp102）。

VK4501(P)のプロトタイプは1941年の末に出来上がり、1942年の春までに2,000km以上を走行した。1942年3月にはニーベルンゲンヴェルケ工場でさらに4両のプロトタイプの組み立てが始まっ

4：ヒットラーに披露するため『狼の巣穴』に送られるべく選ばれたVK4501(P)、シャシー番号150001の組立作業。ニーベルンゲンヴェルケ工場、1942年3月。（JM）

5：ヒットラー本営での披露のために、鉄道貨車出発を控えたポルシェ博士のティーガー戦車。1942年4月。車体の側面には廃止、溶接された非常脱出用の円形ハッチが見える。（ASKM）

4

5

6

6：ニーベルンゲン製作所でティーガーを検分するポルシェ博士。1942年夏。本車にはクルップ社設計の砲塔が搭載されている。（ASKM）

た。これらの車両は陸軍兵器局の文書の中においてすでにⅥ号戦車と名づけられている。その上、新しい戦車は自分の名前——ティーガー（TigerもしくはTiger（P））の名も受領した。これはポルシェ自身によってつけられた名称であり、後に制式採用されたヘンシェル社製戦車に譲られた。こうしてF・ポルシェはそのレオパルトとティーガーでもってドイツ機甲兵器の"猛獣"ネーミングの始祖となったのである。

　VK4501（P）の設計は多くの点で、前に造られたレオパルトを踏襲している。車体後部に配置された2基の空冷式エンジンTyp101/1 Porscheはそれぞれ320馬力で、ジーメンス・シュケルト社製の発電機2基のローターを回転させる。発電機からの電気エネルギーは、キャタピラの起動輪を回転させる牽引電気モーターに伝わる。厚さ80〜100mmの装甲板から組み立てられる車体上部はかなり大きな幅で履帯をカバーする——戦車に88mm砲を搭載するには砲塔旋回リングの直径をかなり大きくすることが求められたからだ。計算上の戦備重量が59トンのVK4501（P）は速度が時速35kmまで出るはずであった。車両として、VK3001（P）に搭載しテストを順調にこなした、縦置きのトーションバーを車体の外側から装着した独自の懸架装置も用いられた。だが、重量の増加はより幅の広い履帯と、内側に緩衝材が入った直径の一層大きな転輪を必要とした。

　砲塔と砲はクルップ社がF・ポルシェ博士と協力して開発していた。最初の2基の砲塔は1942年の初頭に造られ、やや後にVK4501

（H）用の砲塔も出来上がった。この砲塔がポルシェの砲塔と違う点は、簡略化された天蓋部の構造である。

　1942年3月19日、A・ヒットラーは新型重戦車の開発作業が終わるのも待たず、それらの量産を至急開始するよう提案した。そうすることで、10月にはポルシェの戦車60両とヘンシェル社の戦車25両を、そして1943年3月にはそれぞれ85両と50両を保有するためである。この数字からポルシェの設計が重視されていたことは明らかだろう。

　1942年4月20日、A・ヒットラーの誕生日、東プロイセンにある彼の本営『狼の巣穴』で、新しい重戦車VK4501（H）とVK4501（P）のプロトタイプの発表が行われた（場所は多くの研究者たちが書くようなヴィンニッツァではない）。両車は第三帝国のA・ヒットラーをはじめとする指導部によって検分され、また距離500mのデモ射撃を行い、動きぶりを披露し、ともに同じような結果を示した。しかし、どちらの車両を採用するかについては、その場ではいかなる決定もなされなかった。ヒットラーはこれまでどおり、両方の戦車を並行して生産するよう主張し、他方の陸軍兵器局はヘンシェルの車両に好感を抱いていた。解消するのに多くの時間を必要としたVK4501（P）の深刻な欠点として軍部が指摘したものの中には、信頼性の低い電気トランスミッション、短い航続距離（80km）、ポルシェの戦車に搭載される空冷式エンジンTyp101/1 Porscheが量産に至っていない事情があった。さらに、VK4501（H）もVK4501（P）も完成状態での完全なテストを経ていないことが、状況をもっと複雑にしていた（『狼の巣穴』での発表までシャシーのテストは砲塔なしで行われていた）。そのため、1942年の4月末から6月の初頭までヘンシェルもニーベルンゲンヴェルケも自分たちの車両のテストをA・シュペーア軍需大臣臨席の下で進めた（前任のF・トート博士が1942年2月8日の飛行機事故で死亡したため、後任に任命された）。その際F・ポルシェはシュペーアに、1942年5月12日から自分のティーガーの量産を始めることができると伝えたが、シュペーアからは何の指示も来なかった。それにもかかわらず、6月の初めにはニーベルンゲンヴェルケ工場ではVK4501（P）のシャシーが10両、完成度はまちまちながら造られていた。ただし、砲塔まであったのは3両の戦車（シャシー番号15001号、15002号、15006号）だけで、さらに2両の油圧式トランスミッションのシャシー（15003（？）号と15023号）は砲塔の代わりにバラストを載せて走行テストを受けていた。またオーストリアのリンツ市のオーバードナウ鉄鋼場ではポルシェのティーガー用の装甲車体が量産に向けて準備されつつあり、ニーベルンゲンヴェルケ工場と同様、この工場もシュタイアー・ダイムラー・プッフ・コンツェルンの傘下に入っていた。

7：軍需省の代表団立会いのもと進められるポルシェ博士のティーガーの試験。オーストリア、1942年夏。（ASKM）

8：第653重戦車駆逐大隊指揮戦車となったポルシェ博士のティーガー。テルノーポリ地区、1944年6月。（イリヤー・ペレヤスラーフツェフ氏提供、以下IP）

ポルシェ・ティーガー前面図

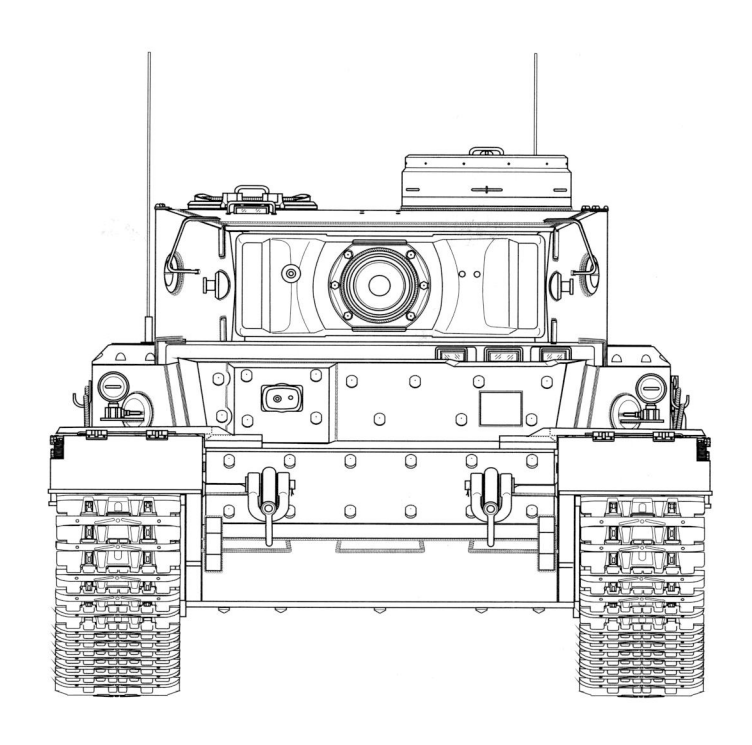

ポルシェ・ティーガー後面図

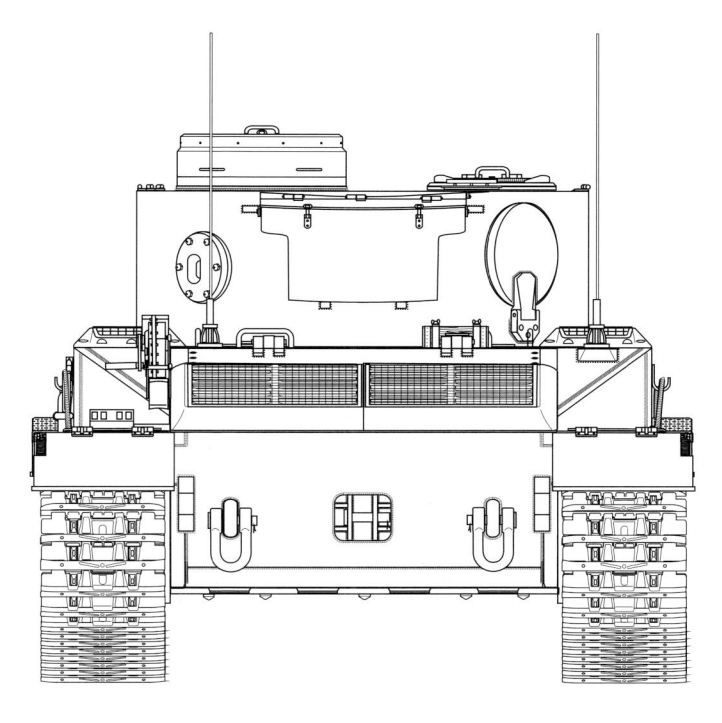

ポルシェ・ティーガー左側面図

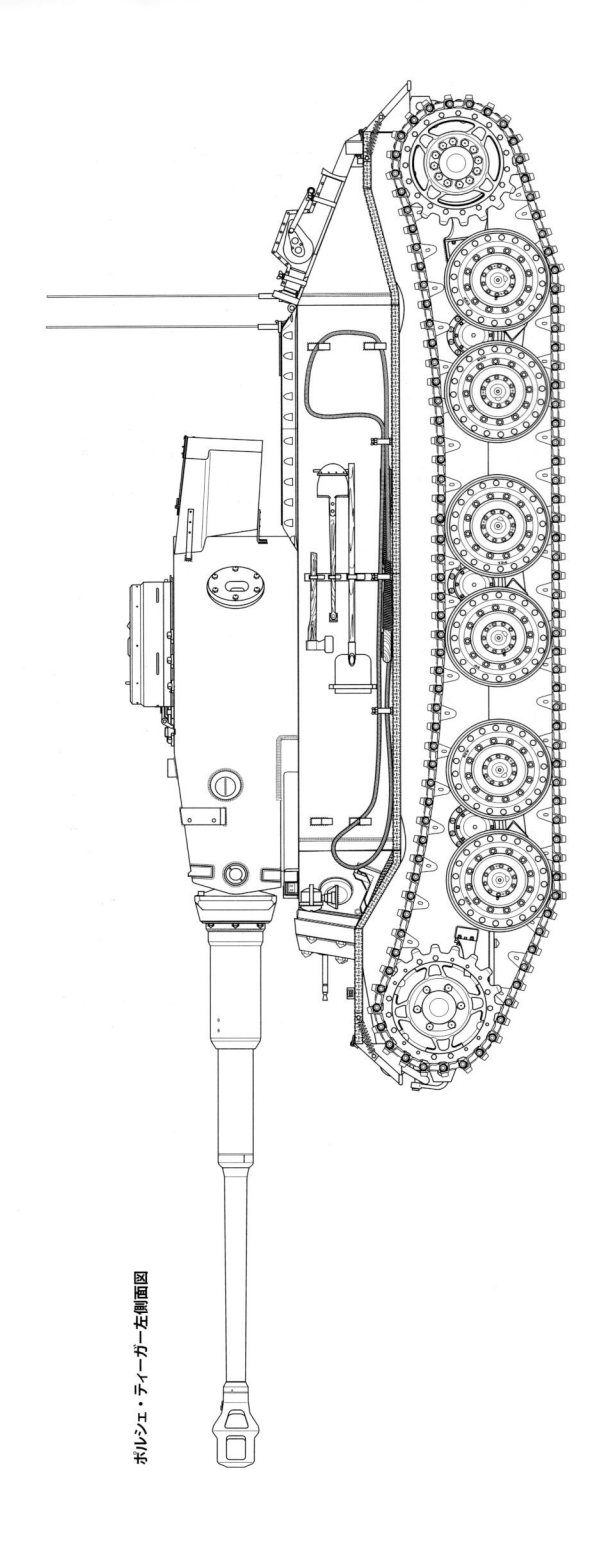

ポルシェ・ティーガー上面図

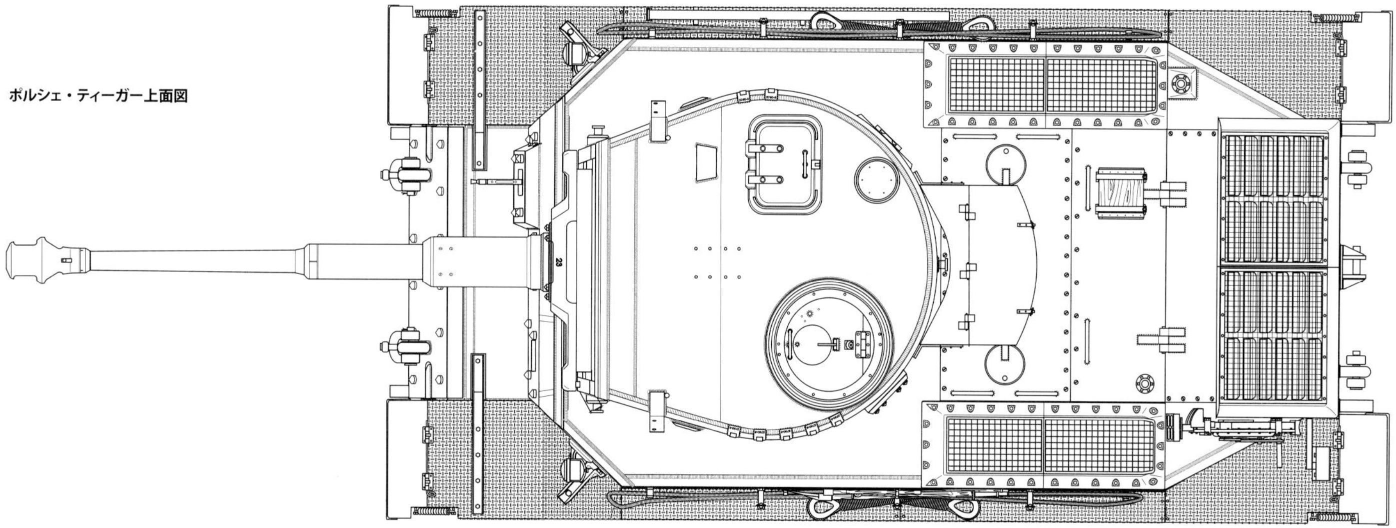

この際車体の構造に一連の変更が加えられた——たとえば、最初の数量のシャシーにあった側面の円形ハッチ（通信手と操縦手の位置）が廃止された（これらのハッチはVK3601(H)のシャシーにもあり、乗員の脱出を容易にするために兵器局の指示で設計されたものであった）。

　A・ヒットラーは1942年6月23日の会議の席上、1943年5月12日には両社の重戦車を285両保有していなければならないと主張した。しかし、出席していたA・シュペーア軍需大臣は、各工場は軍からの受注に追われており、工業生産の対応能力が許すのは類似の車両1種類のみであると指摘した。しかも彼はヘンシェル社製の戦車にこだわり、この戦車のほうが彼と陸軍兵器局の見解ではより優れているとされた。その結果、総統自身はF・ポルシェに特別の好意を抱いているにもかかわらず、採用されたのはVK4501(H)であった。しかも同車は、かつてVK4501(P)のための公式名称——Pz.Kpfw.VI Tiger Ausf.H.を受領することとなった。かくしてF・ポルシェ設計のVK4501(P)は試作品のままで終わるかに思われた。だが、時の流れは意外な決定をもたらした……。

　それまで製作されていた戦車の運命について、記録は極めて乏しい。製作済みのポルシェのティーガーはオーストリアのドーラースハイム演習場で教習車両として運用されたことが知られている。いくつかの資料は、1両のティーガーが第502重戦車大隊に送られたことを伝えているが、それを裏付けるものを筆者は見つけることができなかった。

　確実なのは、ティーガーⅠの量産砲塔を搭載した1両のVK4501(P)指揮戦車が、1944年7月1日に第653重戦車駆逐大隊に到着したことである。これは大隊本部車で運用されていたが、その後の戦闘で失われてしまった。その正確な日付と場所を特定することはできなかったが、第653大隊の文書によると、1944年の7月14日から8月1日の間のことのようだ。

第2章

誕生した怪物
РОЖДЕНИЕ МОНСТРА

　軍部はヘンシェル社のティーガーを気に入っていたが、VK4501（P）に関する作業は続けられた。F・ポルシェは1942年6月21日、Flak41対空砲をベースにしたより強力な砲身長71口径の88㎜砲でVK4501（P）を兵装する指示を受領した。この課題は総統の個人的な指示に基づき、軍需大臣によって出されたものである。総統は、贔屓にしているポルシェの戦車がたいそう気に入り、どうしてもそれを諦めきれなかったのだ。だが、この課題を達成する試みは失敗に終わった。そして1942年9月10日、ニーベルンゲンヴェルケ工場の幹部は軍需省に書簡を送り、その中でVK4501（P）に71口径88㎜砲を搭載した砲塔を搭載することは不可能であると伝えた。ポルシェの設計事務所はこの課題と並行して、その戦車に戦利品の210㎜フランス式臼砲を固定戦闘室に装着して武装する方法も検討していた。このアイデアもまたA・ヒットラーによるものであった。彼はパンツァーヴァッフェの主力火器として、戦車部隊の支援に不可欠な大口径自走砲の保有が必要だと主張していたからだ。

　1942年9月22日の会議では様々な問題のほかにVK4501（P）の将来性も議題に上っていた。ヒットラーはこのシャシーを、固定戦闘室に取り付けられた砲身長71口径の88㎜砲か210㎜フランス式臼砲のいずれかで武装した突撃砲に造り変える必要を主張した。総統はさらに、車両前部の装甲厚を200㎜まで強化するよう望んだ——そのような防御はティーガーの主砲でさえも撃ち破ることが出来ないものだった。しかも彼は、このために"艦船用装甲板"を使用することを提案した（＊）。しかし、この会議ではVK4501（P）の運命に関しては、いかなる公式決定も行われなかった。ようやく一週間が過ぎた9月29日、ポルシェ社に陸軍兵器局から、ポルシェが設計した戦車を"重突撃砲"に改造する正式な決定が届いた。ところが設計者はこの決定を、控えめに見ても無視したとしか言いようがないのである。なぜならば彼は、自分の戦車が兵装機材に加わる姿を目にする夢をまだ捨てていなかったからだ。その上、1942年10月10日にはクルップ社とラインメタル社は、ポルシェとヘンシェルの戦車のシャシーに搭載すべき71口径88㎜砲付砲塔の開発を指示されているのである。だが、1942年10月14日の会議においてA・ヒットラーは、設計も終わらないうちから、VK4501（P）とⅣ号戦車のシャシーに88㎜砲を搭載した突撃砲の開発と生産に関する作

業を至急始めるよう要求した（後者をベースにしては後に駆逐戦車ホルニッセ（ナースホルン）が生まれた）。
＊何を念頭に置いたものか明確ではないが、海軍の予備の装甲板か何らかの未完成の艦船の装甲鋼板の可能性がある。いずれにせよ、フェルディナントの製造に当たってはいかなる"海軍装甲"も使われておらず、使用されたのは"戦車用"装甲のみである。しかしヒットラーのこの主張は、フェルディナントがあたかも艦船用装甲で組み立てられたとする多くの論者たちの論拠となっている。

　ポルシェ・ティーガーの改造作業を加速化するため、ベルリン郊外のシュパンダウにあるアルケット社も加えられた。同社は第三帝国で突撃砲の製造実績を有する唯一の企業だったからである。ニーベルンゲンヴェルケ工場ではF・ポルシェの指揮下、走行装置と電気式トランスミッションが新しい自走砲に適合するよう設計し直す作業が急ピッチで進められていた。その際88㎜砲と200㎜の前面装甲以外の制限は、車両の戦備重量を65トン以下に抑えることだけであった。他の性能諸元は設計者たちの判断に委ねられた。
　旧ソ連およびロシアの国内、国外のあらゆる文献では例外なく、90両の製造済みVK4501(P)シャシーの突撃砲への改造について触れているが、いつ突撃砲への改造が行われたのかはどこにも記述がない。実際は以下のように行われた。
　ポルシェは1942年5月12日からティーガーの量産を始める用意ができていると言明していたが、ニーベルンゲンヴェルケとオーバードナウの両工場のVK4501(P)の量産体制が整ったのは7月末の

9：アルケット社が製造した重突撃砲フェルディナントの最初の試作車両。1943年1月。本車には工具箱取り付け用の固定具とフェンダーがない。（ASKM）

ことであった——技術行程や必要な書類上の手続き、工具類、設備の調整に時間を要したからだ。しかしそれでも、8月の初めにはこれらの企業に数十両ものシャシーを組み立てるための半製品ストック（装甲車体、裁断済み装甲板、走行装置部品）が届いていた。

　F・ポルシェ設計のティーガーを重突撃砲に改造する決定が採られてからは、車体とシャシーの組立作業が積極的に進められた。1942年10月の半ばには2両のシャシー（15010、15011）が、新型車両の設計を容易にするためにアルケット社に渡された。

　アルケット社が策定した改造案は1942年11月30日に出来上がった（ともかく、新型突撃砲の設計略図にはまさにこの日付が記されている）。これは1942年12月11日に開かれた軍需省と陸軍兵器局の代表者会議で検討の俎上にのせられた。

　ポルシェ・ティーガーの車体には最小限の変更が加えられ、それは主として前面装甲板に88㎜砲と機銃を据え付けた固定式上部装甲戦闘室を載せる車体の後部についてであった。車体前部は厚さ100㎜と30㎜の増加装甲板で強化され、しかも上部の増加装甲板は55度の傾斜角を付けて装着された。新突撃砲の計算上の重量は72トンになるはずであった——車体49トン、戦闘室15トン、主砲および砲架3.5トン、前部増加装甲板3トン、弾薬1.5トン。

　最も大きな改造が施されたのは車両の全体的なレイアウトである。長大な砲身が、主砲をVK4501（P）車体前部の戦闘室の位置に載せることを許さなかったからだ。それゆえ戦闘室を車体後部に配置する案が採用され、そのために今度は動力装置のガソリンエンジンを発電機とともに前方にずらし、車体の中央部に移すことになった。その結果、操縦手と通信手は、戦闘室にいる他の乗員たちから"隔離"されることになった。また、VK4501（P）に搭載されていたF・ポルシェ設計の空冷式エンジンTyp101の搭載も諦めねばならなかった——これは可動が安定せず、しかも量産化されていなかったからだ。そのため、検証済みで信頼性のあるマイバッハ社の265馬力エンジン（Maybach HL 120TRM）の搭載に頼らざるを得なくなった。そしてこれはまた、冷却方式の完全な見直しを迫った（このタイプのエンジンはⅢ号戦車Pz.ⅢとⅢ号突撃砲StuGⅢに搭載されていた）。さらに、航続距離を延ばすために、容量を増した燃料タンクも新たに設計しなければならなくなった。

　この新型突撃砲の設計案は概ね承認された。ただし軍部は、当初の段階で想定されていた通りに車両の総重量を65トンまで減らすよう要求した。

　1942年12月28日、ポルシェのティーガーのシャシーをベースにした新型突撃砲の、手直しのうえ簡素化した設計案が検討された。アルケット社が示したより正確な計算値によると、車両の重量は

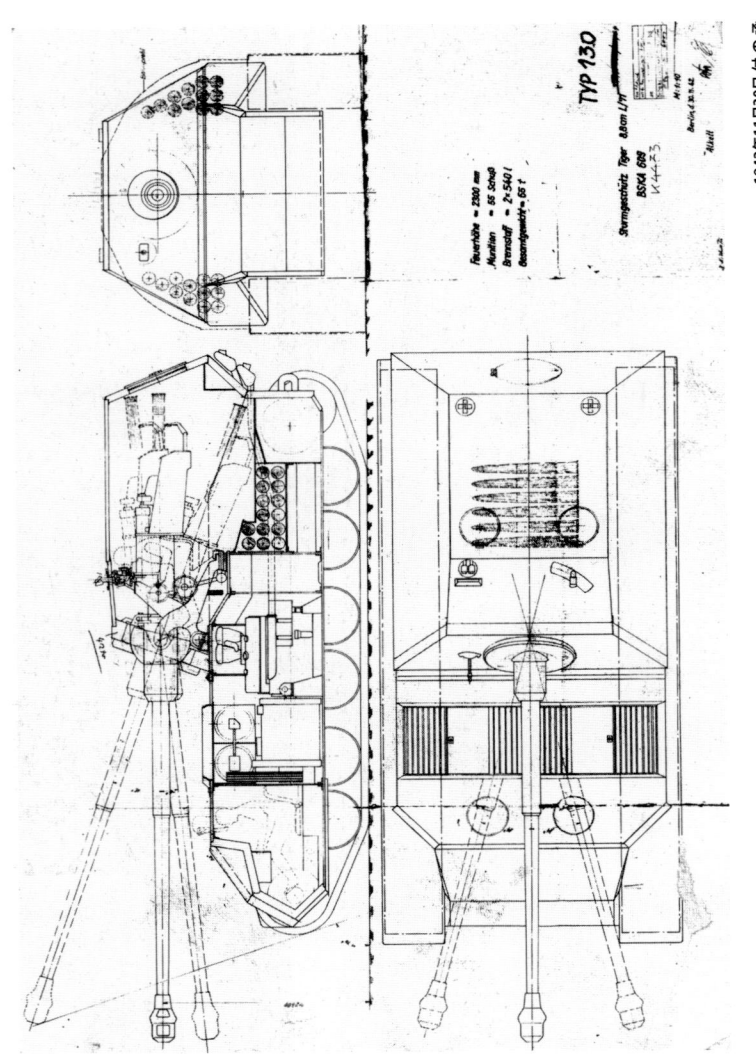

1942年11月30日付の承認署名が入った88mm砲搭載重突撃砲のシャシー改造案。VK4501(P)の増加装甲板に車体前部への増加装甲板に傾斜を付けられている点に、戦闘室正面装甲板の機銃に注意。

68.57トンになるとのことだった――改造後の車体（1,000リッターの燃料込み）46.48トン、上部車体13.55トン、主砲、砲架および装甲球形防楯3.53トン、車体正面および下部車体前部の増加装甲2.13トン、弾薬と収容架1.25トン、乗員と工具並びに予備部品約1.63トン。ニーベルンゲンヴェルケもアルケットも複数の技師が、55トンの戦闘車両を想定した走行装置が超過重量に耐え切れないかもしれないと懸念した。そのため、搭載弾薬を減らし、戦闘室前面の機銃と工具・予備部品の一部、さらに車体前面下部の30mm増加装甲板を取り外すことによって、自走砲を軽量化する決定が

10：フェルディナントの車体上面通気グリル。量産型とは各部ディテールが異なる。（カールハインツ・ミュンヒ氏提供、以下KM）

採られた。これらの措置により車両は規定の65トンに収まり、設計案は承認され、量産化が勧告されると同時に、このタイプの車両を90両製造して2個大隊を編成するようにも指示が出された。

　年が明けた1943年1月、アルケット社ではF・ポルシェのティーガー（シャシー番号15010、15011）をベースにした新型重突撃砲の最初の2両の組立作業が始まり、これと並行してオーバードナウ工場は、VK4501(P)戦車90両分の装甲車体を自走砲の製造に使用するために改造し、前面装甲を強化するよう指示を受けた。同工場は改造した車体15両分を1月に、そして26両分を2月、37両分を3月、12両分を4月に発送してこの課題をクリアした。ところが車両の生産は、必要な走行装置の部品の数がそろわなかったために制約されることになった。アルケット社がこれら部品の生産体制を整えることができず、さらにニーベルンゲンヴェルケ工場からは部品の調達が間に合わなかったからである。

1943年2月6日、総統会議の場で"ポルシェ・ティーガー・シャシー突撃砲"の製造に関する報告が聴かれた。A・ヒットラーの指示により、新しい兵器は「8.8㎝ Pak 43/2 Sfl L/71 Panzerjäger Tiger（P）Ferdinand――71口径8.8㎝砲Pak43/2搭載ティーガー・ポルシェ駆逐戦車フェルディナント、という制式名を受領した。このように、ヒットラーはフェルディナント・ポルシェの成果を、自走砲に彼の名前を付けるほど評価していた。

　この会議ではまた、A・シュペーア軍需大臣がフェルディナントの生産を、当初予定していたアルケット社ではなく、ニーベルンゲンヴェルケ工場で行うよう提案した。この決定は多くの利点を含んでいた――車体をザンクト・ヴァレンティンからベルリンに輸送するのに必要なコストと時間をかなり節約することができ、またアルケット社の方もStuGⅢから他の兵器の製造へと余力を割かなくて済むからだ。ニーベルンゲンヴェルケはフェルディナントの組み立てに必要な設備を持ち、ポルシェ設計ティーガーの試作車を造った経験もある。それに、装甲車体の改造に当たったオーバードナウ工場のあるリンツは、ザンクト・ヴァレンティンからわずか20㎞のところに位置している。

　フェルディナント用の固定式上部装甲戦闘室の製造はエッセンにあるクルップ社の工場に委ねられたが、それらもまた、車体が組み立てられるオーバードナウで行ったほうがより合理的であっただろう。おそらくこの決定は、クルップ社の戦車用砲塔生産の大きな実績に基づいたものだったようであり、また同社はVK4501（P）戦車の兵装に関する作業においてニーベルンゲンヴェルケとの間に生産面での関係を築き上げていた。

　最初のフェルディナントのシャシーの組立作業がニーベルンゲンヴェルケで始まったのは1943年2月16日である。クルップ社から最初の戦闘室が届いたのは3月の初頭で、最後の戦闘室は4月23日に到着した。最初のフェルディナントは3月30日に完成し、最後の同型車が工場の作業場を後にしたのが5月8日、納期より4日早かった（シャシー番号150010〜150100）。

　ここで指摘しておかねばならないのは、アルケット社が造った最初の2両はすでに1943年2月の末から各種のテストを受けていたことである。それらの結果はフェルディナントの組み立てが行われていたニーベルンゲンヴェルケ社に伝えられ、判明したフェルディナントの欠点を解消する措置が講じられていった。

　陸軍兵器局の検査官は1943年の4月に30両のフェルディナントを検収し、残りの60両は5月に受け取った。そのうちの1両は、兵装のテストと検査のため兵器局の管理下でニーベルンゲンヴェルケに残され、89両は陸軍調達局に引き渡された。そこでフェルディ

ナントは弾薬と工具類、予備部品、無線機を支給された。そして部隊は29両を4月に、56両を5月に受領し、残る5両は部隊がすでに前線に向かっていた6月に発送された。

　当初自走砲は砲の球形防楯に増加装甲板を持たなかったことを指摘しておかねばならない。しかし1943年3月に実施された最初のフェルディナント（シャシー番号150010、150011）のテストでは、主砲基部の球形防楯が被弾すると、砲弾の破片だけでなく銃弾による場合でさえ容易につっかえて動かなくなることが判明した。そこで1943年5月6日にクルップ社は、砲身と球形防楯に外側から取り付ける増加装甲板の製造を委ねられた。この注文は迅速に処理され、5月13日にフェルディナント用の増加装甲板が各部隊に鉄道で発送された。いくつかの文献には、10両またはそれ以上の自走砲がこの増加防護板を受領できなかったとする指摘がある。だが筆者の手元にある写真から判断すると、増加装甲板がなかったのは最初の2両のうちの1両（シャシー番号150011）のみである（同車は1943年7月のクルスク戦で撃破されている）。これに加えて、1943年6月に部隊支給された車両のうちの4両も、増加装甲板が欠けていた可能性は否定できない。

　VK5401（P）戦車をベースに設計された別のタイプの戦闘車両についても少し触れておきたい。1943年1月5日、A・ヒットラーはポルシェ・ティーガーをベースにして、建造物の破壊や市街戦時のバリケードの除去を目的とした3種類の体当たり戦車Rammpanzer Tiger（P）の設計と製作を提案した。このような計画が生まれた背景には、スターリングラードでの戦闘経験があったことは疑いない。このタイプの車両の設計略図はニーベルンゲンヴェルケで1943年の2月末までに出来上がった。それは、厚さ30㎜〜50㎜の装甲板からなる楔形の装甲車体がVK4501（P）のシャシーに固定されたものであった。そして陸軍兵器局に検討のために提示されたが承認を得られず、紙上のアイデアに終わった。

　1943年5月1日、ニーベルンゲンヴェルケ社はポルシェのティーガーのシャシーを使った、損傷または擱坐したフェルディナントを回収するための車両を5両製造する注文を受けた。Bergepanzer Tiger（P）の名称を受領した、ベルゲフェルディナントのプロジェクトは1943年7月の初頭に完了した。そのシャシーはフェルディナントのもので、追加の装甲はなく、シャシーの尾部には頂上が切り取られたようなピラミッドの形をした戦闘室が載り、その戦闘室にはハッチがあり、前面装甲板にはボールマウント機銃が装備されていた。同車は、外部から車体に装着できる10トンウィンチ以外は何の設備も持たなかった。Bergepanzer Tiger（P）は5両すべてが1943年の秋に前線に送り出された。

11:戦闘室のないフェルディナント。最初の2両のシャシーのひとつを試験している。1943年春。車体には溶接された脱出用円形ハッチが見える。(KM)

12:クンマースドルフの陸軍試験場におけるフェルディナント(シャシー番号150011)の試験、1943年春。本車右側面には、ポルシェ・ティーガーからフェルディナントに引き継がれた溶接済の円形ハッチがはっきり見える。(JM)

13：ニーベルンゲンヴェルケ工場のフェルディナント組立作業場。1943年春。写真中央にはアルケット製上部構造を載せた2両が並んでいる。(JM)

14：ニーベルンゲンヴェルケ工場でのフェルディナント組立作業場。1943年4月。(JM)

15

16

15：フェルディナント、シャシー番号150091の組立作業を終える労働者たち。ニーベルンゲンヴェルケ工場、1943年4月23日。(JM)

16：ニーベルンゲンヴェルケ工場の作業場から出るフェルディナント（シャシー番号150096）。1943年4月。主砲にまだ増加装甲はなく、球形装甲防楯がよくわかる。(ASKM)

17：納期より4日間早く、1943年5月8日にラインを離れた最後のフェルディナント（シャシー番号150100）。(JM)

18：フェルディナント（シャシー番号150064）の作業場出口へのクレーン移動。ニーベルンゲンヴェルケ工場、1943年4月。（ヴァルター・シュビールベルガー氏提供、以下WS）

19：VK4501（P）戦車のシャシーをベースに製造されたフェルディナント回収車―ベルゲフェルディナントを前方から見る。ニーベルンゲンヴェルケ工場、1943年9月。車体正面装甲板の溶接で塞がれた機銃取付部がよくわかる。（WS）

20：ベルゲフェルディナントを左斜め前から見る。ニーベルンゲンヴェルケ、1943年9月。（WS）

21：ベルゲフェルディナントの左側面。ニーベルンゲンヴェルケ、1943年9月。（WS）

ベルゲフェルディナント左側面図

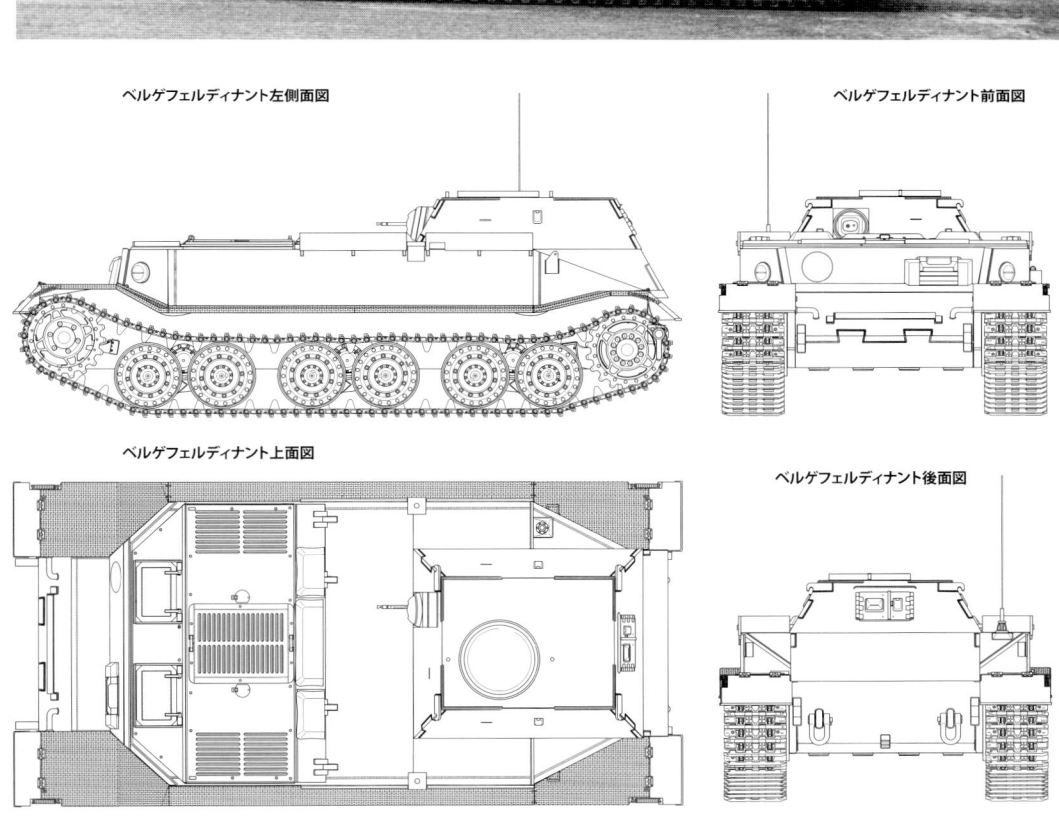

ベルゲフェルディナント前面図

ベルゲフェルディナント上面図

ベルゲフェルディナント後面図

Rammpanzer Tiger(P)左側面図

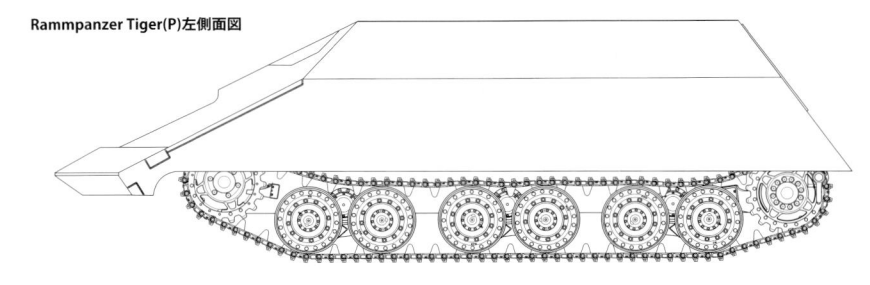

22：前線のベルゲエレファント。第653戦車駆逐大隊、1944年。（KM）

第3章
フェルディナントの構造
УСТРОЙСТВО «ФЕРДИНАНДА»

フェルディナントはその構造と各部レイアウトの点で、第二次世界大戦当時のドイツの他の戦車や自走砲と異なっていた。車体前部には操縦室があり、操縦レバーやペダル、油圧式ブレーキ装置、履帯緊張調整機構、スイッチと抵抗器を伴う電機回路、計器板、燃料フィルター、スターター・バッテリー、無線機、操縦手席、通信手席が配置されている。

機関室は自走砲の中央部を占めている。操縦室とは金属製の隔壁で仕切られている。ここにはマイバッハ製エンジンが並列して設置され、二連式発電機、換気・冷却装置、燃料タンク、コンプレッサー、機関室用換気ファン2基がある。

後部には戦闘室があり、それには8.8㎝砲StuK 43 L/71（8.8㎝対戦車砲Pak43の突撃砲搭載用派生型）が取り付けられ、弾薬が収められている。そしてここにはまた4名の乗員——車長、砲手、装塡手2名——が配置される。戦闘室の下部には電動機が位置している。戦闘室と機関室の間には耐熱性の隔壁があり、さらに床にはフェルトが敷き詰めてある。これは、機関室の汚れた空気が戦闘室に侵入するのを防ぎ、どちらかの室内で発生した火災が広がらないようにするためである。車体内部の各室間の隔壁や、そもそも諸設備の配置が、操縦手並びに通信手と戦闘室にいる乗員との個々の会話を不可能にしていた。彼らの間の連絡は戦車内通話装置（柔軟性のある金属ホース）を使って行われていた。

車体

フェルディナントの製造には、戦車として不採用となったF・ポルシェ設計の厚さ80〜100㎜の装甲からなるティーガー車体が使用された。それにあたり、前面および尾部の装甲板はほぞ継ぎにされ、側面装甲板の端は20㎜長のほぞがあり、そこに車体の前面装甲板と後部装甲板がはめ込まれた。接合部分はすべて外側と内側の両方からオーステナイト系溶接が施された。

戦車車体をフェルディナントへ改造する際、後部が斜形に切られた側面装甲板の内側に彫り込みが入れられた——そうすることでこれらの装甲板は追加の補剛肋材へと変わり、軽量化された。その上から厚さ80㎜の小さな装甲板をかぶせて溶接して車体側面の一部とし、それらの装甲板に尾部上部装甲板をほぞ継ぎした。以上の措

置はすべて、車体の上部を一つの平面に揃えるためであり、戦闘室を設置する上で必要なことであった。

　側面装甲板の下端にも各々20mm長のほぞがあり、そこには車底の装甲板が組み込まれ、さらに内側と外側の両方から溶接処理された。車底の前部（長さ1,350mm）には厚さ30mmの増加装甲板が、5段に配された25個のリベットで固定された。さらに端の部分は仕上げなしの溶接が行われた。

　装甲厚100mmの車体前部と正面の装甲板は、直径38mmの頭部が高対弾性のボルト12本（前部装甲板）と11本（正面装甲板）で固定された厚さ100mmの増加装甲板で強化された。さらに上と横から熱処理が施された。被弾の際にナットが弱まるのを防ぐために車体装甲板の内部に溶接が施された。車体正面装甲板にあるF・ポルシェ設計のティーガーからの"遺産"、視察装置と機銃用の孔は、内側から装甲の挿入物をはめ込んで溶接、塞がれている。

　操縦室と機関室の天蓋部の装甲板は、側面並びに正面の装甲板の各20mm長のほぞに組み込まれ、内と外の両側から熱処理がされている。

　操縦室の天蓋には操縦手と無線手が乗車するための2つのハッチがある。操縦手ハッチには、上から装甲カバーで防護されたペリス

23：塗装と工具装着が済んで製造が完了。ニーベルンゲンヴェルケで撮影されたフェルディナントのうちの1両。1943年5月。（JM）

24：部隊への引渡しを控えた「重突撃砲」フェルディナント。1943年5月。**本車はダークイエローに塗装されている。**（ASKM）

コープが3つある。通信手ハッチの右にはアンテナ基部を守る装甲円筒が溶接されており、両ハッチの間には砲固定具が取り付けられている。側面左右装甲板には操縦手と通信手のための視察孔がある。

機関室上は3つのグリル（中央、右、左）の付いた装甲天井がある。エンジン冷却用の空気は中央のグリルから吸入され、左右のグリルから車外に排出された。また、左右の排気グリルのある装甲板にはラジエーターに冷却水を入れる注入口が1つずつある。

機関室を覆う天井の後部は3枚の装甲板からなり、戦闘室正面装甲板に溶接された蝶番で組み合わされている。その1枚1枚には、キノコの笠の形に似た装甲の鋳物で上から防護された開口部がある。これらはエンジンからの排気用である。

車体の後部装甲板には、戦闘室内の熱気を排出するための3つの通気口がある。これらの通気口は厚さ40mmの大きな装甲カバーで覆われる。

履帯カバーを兼ねる上部車体左右中央部（第5転輪付近）にはエンジン排気ガスの排出口が両側面に1つずつある。車底の中央部には機関室のためのハッチが5つ配されている（ラジエーターからの排水、オイル、燃料）。

戦闘室

フェルディナントの車体後部には、頂上が切り取られたピラミッドの形をした戦闘室が取り付けられている。それは厚さ200mm（正面）、80mm（側面と後部）、30mm（天蓋）の装甲板で組み立てられ、

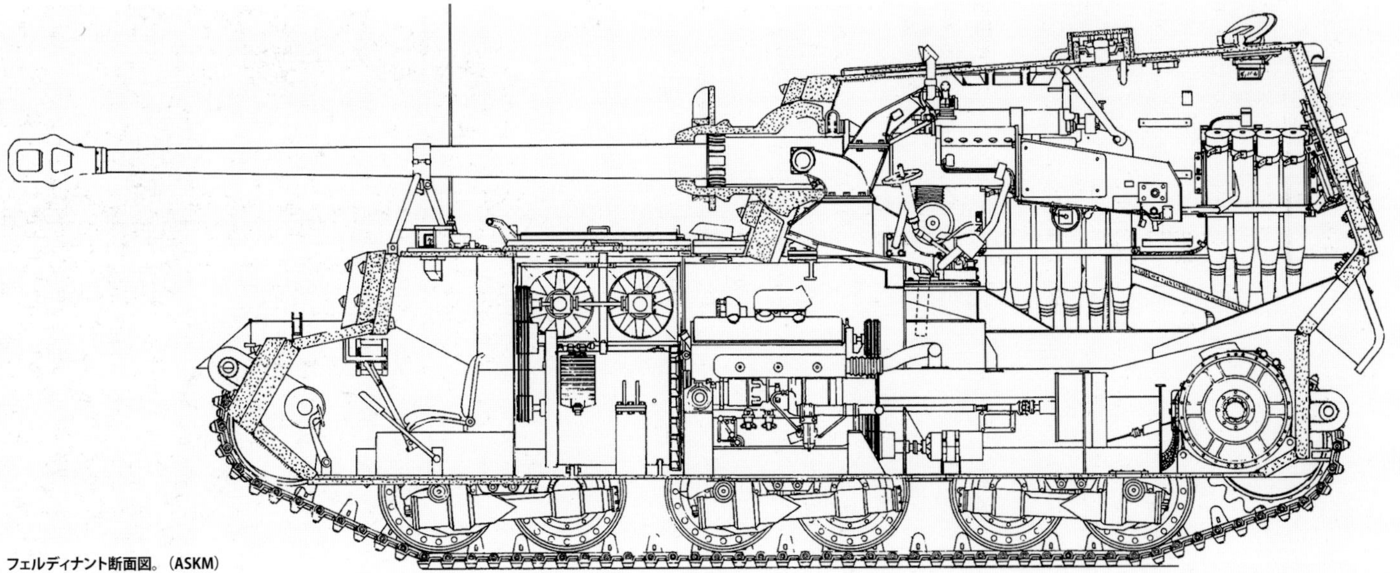

フェルディナント断面図。(ASKM)

ほぞ穴に接ぎこまれて両側から溶接された。側面と正面の装甲板のほぞ継ぎはさらに、内側と外側の各4箇所に計8本のボルトで締めて、その頭部を切った上で溶接して強化された。

戦闘室の側面と後面の装甲板の下端はほぞがあり、車体側面上部のほぞに接ぎ込まれる。戦闘室と車体の固定は、内側から8本の折れ曲がった形状の接合プレート金具を使って行われる（各側面に3箇所と後面に2箇所）。それぞれの接合プレート金具は2本のボルトで車体に、同じく2本のボルトで戦闘室に固定される。さらに両側面の外側には戦闘室正面装甲板のあたりに1枚ずつプレートがあり、そのいずれもが戦闘室正面装甲板と車体側面装甲板とに固定されている。

戦闘室の天蓋には5つのハッチがある——ペリスコープ式照準装置用、乗員の乗降用（2箇所）、ペリスコープ式視察装置用（2箇所）。

照準ハッチは前方左手にあり、3つの部分からなるカバーで覆われている——そのうち2つはレールで天蓋の平面に沿ってスライドし、残る1つ（後部）は外側に開く。左右両側面のそばには乗員乗降用の両開きハッチがある——車長席の上のハッチ（右側）は長方形、照準手席の上のハッチ（左側）は円形。天井の後方の右隅と左隅には2つの小ハッチがあり、そこからペリスコープを使って戦場を視察することができる。そのほか、天蓋の中央には換気装置があり、その側面は正方形の装甲板で囲まれている。

25：プトロスの射撃場におけるフェルディナント。1943年5月。ダークイエローの塗装を施され、砲弾搭載用小ハッチが開いている。（ASKM）

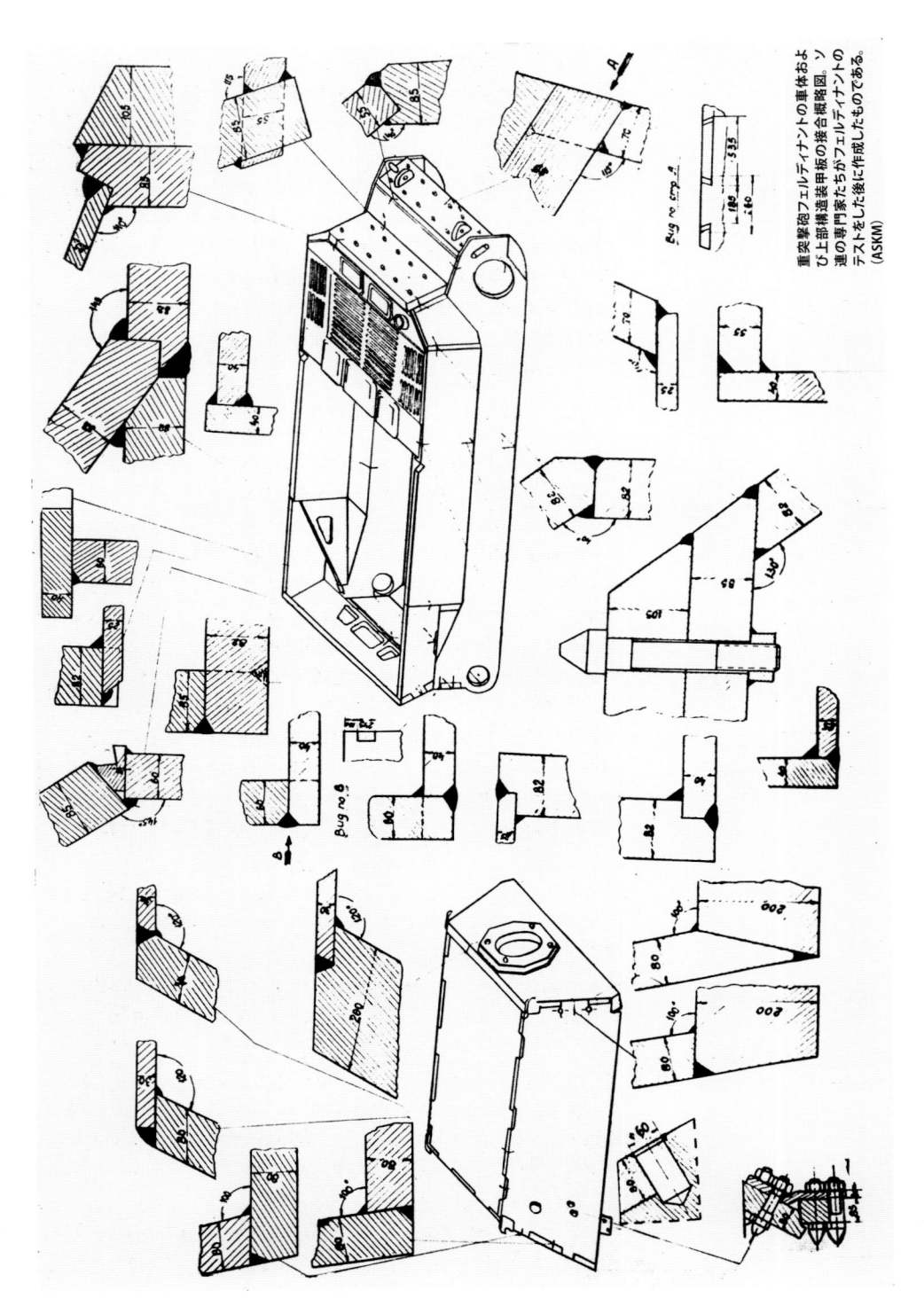

重突撃砲フェルディナントの車体および上部構造装甲板の接合概略図。ソ連の専門家たちがフェルディナントのテストをした後に作成したものである。(ASKM)

戦闘室正面装甲板には8.8cm砲StuK 42の球形防楯用の開口部が設けられている。防楯の周りは8角形の80mm装甲板でカバーされ、この板は戦闘室正面装甲板に直径38mmで頭部が高対弾性のボルト8本によって固定されている。

　戦闘室の側面装甲板には個人携行火器で射撃するための栓付きのピストルポートが1つずつある。戦闘室後面装甲板にはこのようなピストルポートがさらに3箇所もあり、中央にはさらに、砲と電動モーターの取り外し、そして乗員の緊急脱出のための大きな円形ハッチがある。このハッチの中央には弾薬搭載用の小ハッチが開く。戦闘室後面装甲板の右上の隅には増設アンテナ基部のために方形のケースが溶接されている。

兵装

　自走砲フェルディナントの主兵装は、8.8cm対戦車砲Pak43をベースにして専用に開発された砲身長71口径の8.8cm砲StuK42である。

　砲の揺架は扇形砲架の砲耳で巻きネジと組み合わされている。固定機構は外側から、砲を支える部品ではない半球装甲で防護されている。砲弾の破片をくわえて動かなくなることを防ぐため、砲身には後に特別の装甲補助防楯が追加固定された。砲は2つの駐退復座装置を持ち、それらは砲身上部の両側面に配され、また閉鎖機は半自動垂直鎖栓式である。照準装置は左側の、砲手席の位置にある。水平照準速度はフライホイール1回転につき1/4度、俯仰照準速度は同じく3/4度である。水平界は28度、仰角はプラス14度、俯角はマイナス8度の範囲をカバーする。ペリスコープ照準装置には測距儀が付いており、徹甲弾用には2,800mまでの、そして榴弾用には5,000mまでの目盛が刻まれている。

　戦闘室内には側壁に常設の38発入り弾薬架があるほか、床に25発までの追加弾薬架を置くことができる。砲の使用弾薬には完全弾薬筒式の徹甲弾と硬芯徹甲弾または榴弾が含まれる。

　いくつかの文献にはフェルディナントが自衛用の軽機関銃MG42で武装していたことの指摘もある（クルスク戦の過程で何組かのフェルディナント乗員たちが砲身を通して機関銃射撃をしていたとさえ書いている者もいる）。しかし、筆者の手元にある資料の中にも、またフェルディナントに関する西側の信頼しうる刊行物にも、機関銃について何の指摘もない。NIBT（機甲科学試験所）の試射場での鹵獲フェルディナントのテストに関する報告書の中に、兵装について次のように書かれてあるのは興味をひく――

「いくつかの文献に登場する機関銃MG42が装備されたのは、どうやら試作車両だけのようである。なぜならば、前線で運用された量

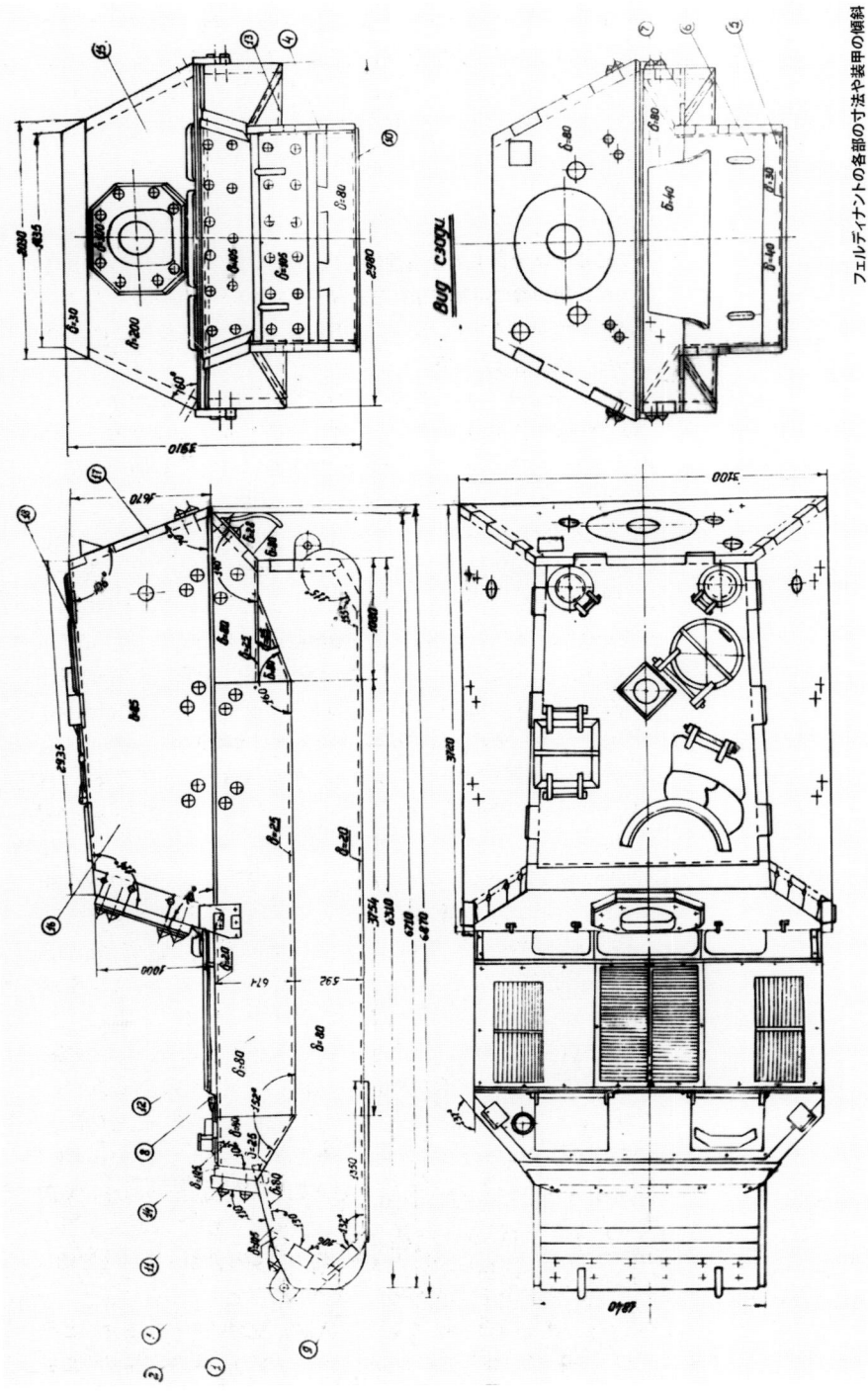

フェルディナントの各部の寸法や装甲の傾斜角度を記した装甲車体の概略図。ソ連での試験の後に作成されたものである。(ASKM)

産車両では機関銃設置用の開口部が増加装甲（板）で封じられ、さらに内側からは挿入物で塞いで溶接してあったからだ

　弾丸の大きさや装薬の重量からして88mm砲43年型は、ドイツ軍がそれ以前に保有していた88mm砲（88mm対空砲18年型および36年型）と比べてより大きな威力を持つ新兵器であろう」。

機関室

　フェルディナントの独自性は、1次エンジンの回転モーメントがエンジン起動輪に電動で伝わるシステムにある。そのおかげで車内にはギアボックスや主クラッチなどがなく、したがってそれらの機器の伝動装置もなかった。

　フェルディナントの機関室には、各々265馬力のマイバッハHL120TRM12気筒キャブレター付エンジンが2基並列設置してある。これは、電圧385ボルトの直流発電機ジーメンスaGVの本体を固定するため、フランジを持つ特殊なクランクケースの形をしている。エンジンのクランクシャフトもまた、発電機の電機子の軸が固定されるフランジで終わる。このように、発電機の本体も電機子もエンジンに固くフランジで結合されている。エンジンにフライホイールはなく、それらの役割は発電機の電機子が担った。

　エンジンの始動にはそれぞれボッシュ社製の電圧24ボルト4馬力の電気スターターが装着されている。スターターは4基の蓄電池から充電される。電気スターターが故障の場合や厳寒期のエンジン始動のために、それぞれのエンジンには慣性スターターが装備され、そのフライホイールは戦闘室からの始動クランクによって回転される。

　これらすべての始動手段が故障した場合、時速3～5キロメートルのスピードで車両を牽引することによってエンジンを始動させることも可能である。その際、まず1基のエンジンが始動され、2基目は第2発電機を並行作動にスイッチを入れることによって始動させられた。

　発電機は230キロワットのジーメンスD149aAC電動機2基に電気を供給する。それらは車両後部の戦闘室の床下に配置されている。発電機が発する電気は、コントロールパネル（操縦手のところにあるダブルコントローラー）によってケーブルを通して電動機に供給される。電動機はクラッチと減速装置を通じて回転モーメントを履帯の起動輪に伝える。

　それぞれのマイバッハエンジンはそれ自体が燃料・オイル供給、冷却システムを持ち、また始動と制御の機器を備えている。

　フェルディナントの車体の前部には側壁に沿って2基の540リッター燃料タンクが配置される。それらはいずれも独立のストップバ

26：マイバッハ製エンジン発電機を整備するには、その上に位置する装甲カバーをすべて取り外さねばならなかった。この作業はかなり手間を要し、クレーンを必要とする大がかりなものだった。(KM)

ルブを介して操縦室にも通じている。これらのコックは、燃料タンク中の燃料が許容最低限の量となったときに、燃料をエンジンに供給するために使われる。

　燃料はタンクからパイプを通じてキャブレターのフロート室にソレックス社製の膜ポンプで送り込まれる。燃料ポンプはエンジンのクランクケースの下半部左側に取り付けられ、オイルポンプの伝動シャフトの偏心器によって始動される。どちらのエンジンもキャブレター Solex 52FFJIID を2つずつ、シリンダーブロック間のクランクケース上半部に配置されている。燃料は燃料タンクから燃料ポンプに入る前に、パイプを通って三叉管とストップバルブを経てから燃料フィルターを通過し、そして燃料ポンプに入り、パイプを伝ってエンジンのキャブレターに達する。

　マイバッハのエンジンは水冷式であった。機関室前部にはそれぞれ軸流送風機を持つ4基の水冷式ラジエーターからなるユニットがある。このユニットに加えて、それぞれのエンジンには、機関室の熱した空気を外に排出するためラジエーターに付いているものと、同種の空冷送風機が1基ずつあった。またさらに、ジーメンスのaGV発電機には、それ自体換気装置を持たない電動モーターの冷却用に専用換気管付送風機が追加されている。換気用の空気は機関

室天蓋にある中央グリルから取り込まれ、ラジエーターからの熱気は中央グリルの左右にあるグリルを通して排出される。(燃料の燃焼物によって汚れ)換気装置によってエンジンから除去される熱した空気と、電動モーター冷却管からの空気は、車体後部装甲板にある装甲キャップで覆われた排気孔から排出される。

このほかにエンジンには戦闘室からも空気が通りぬけし、そのことで戦闘室の換気も行われる。この空気は戦闘室正面装甲板の手前の車体天井に設置された、キノコの笠に似た装甲キャップに覆われた排気孔から排出される。

フェルディナントのテストの過程では、運用の観点からいくつかの貴重な性能が電動トランスミッションの使用によってもたらされていることが確認された：

「1．(マイバッハの)1次エンジンは車両の様々な走行条件下において常に最適な出力で、したがって経済性に優れた作動をする。

2．車両は外部からの負荷の変化、すなわち進路の通過区間の起伏と通行の難易性に応じて速度を自動調整する能力を有する。この際、1次エンジンに対する負荷は実質的に安定している。

3．車両の走行操縦は、機械式トランスミッションの車両と比較してかなり簡素化され、容易になっている」。

27：前線に向かう前のフェルディナントと乗員たち。1943年5月。写真では車体右側面工具箱の中がよくわかる。(IP)

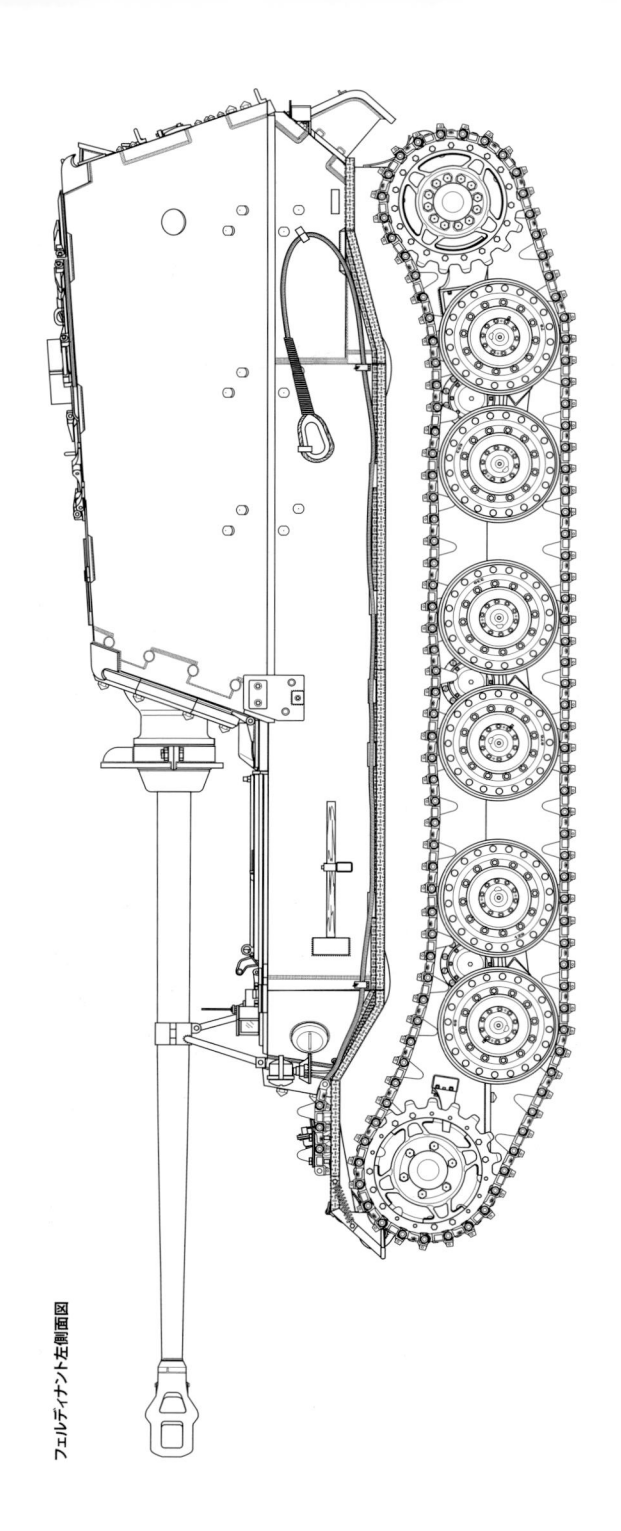

フェルディナント左側面図

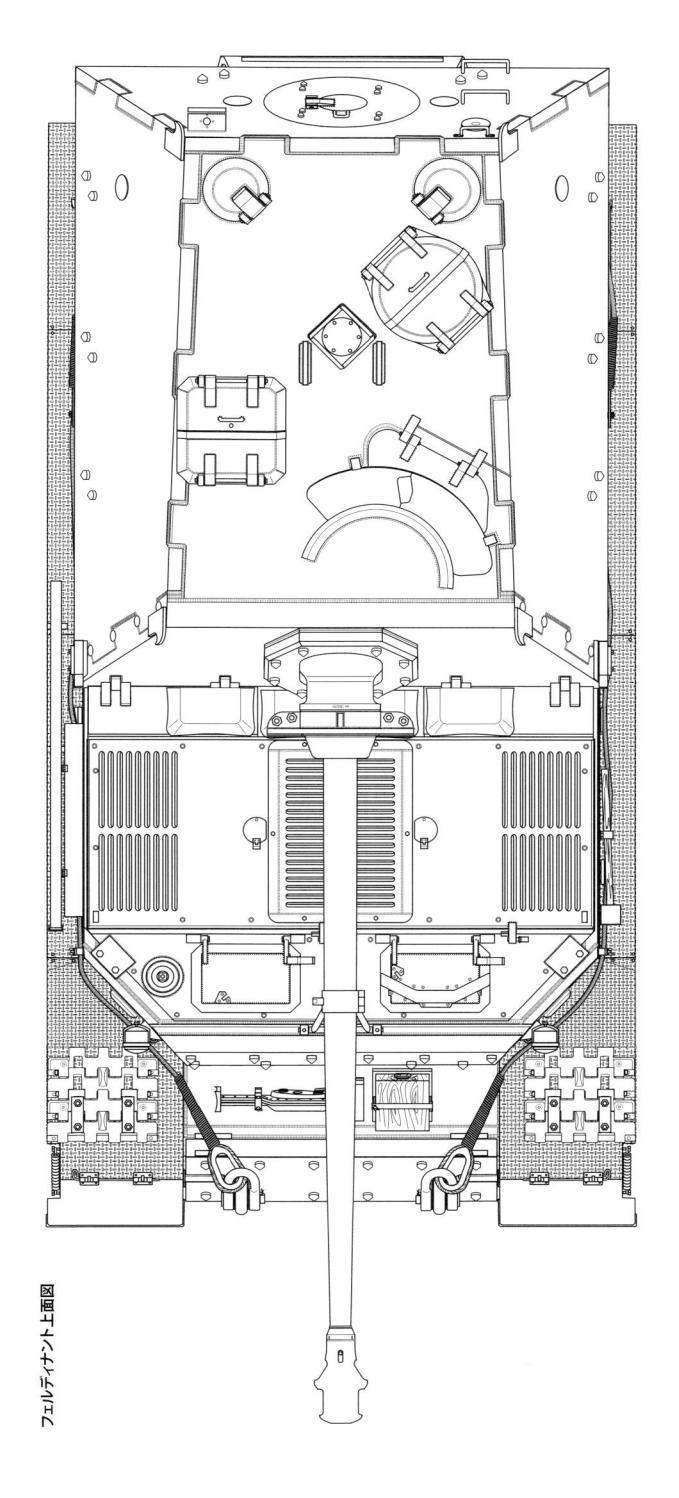

フェルディナント上面図

フェルディナント前面図

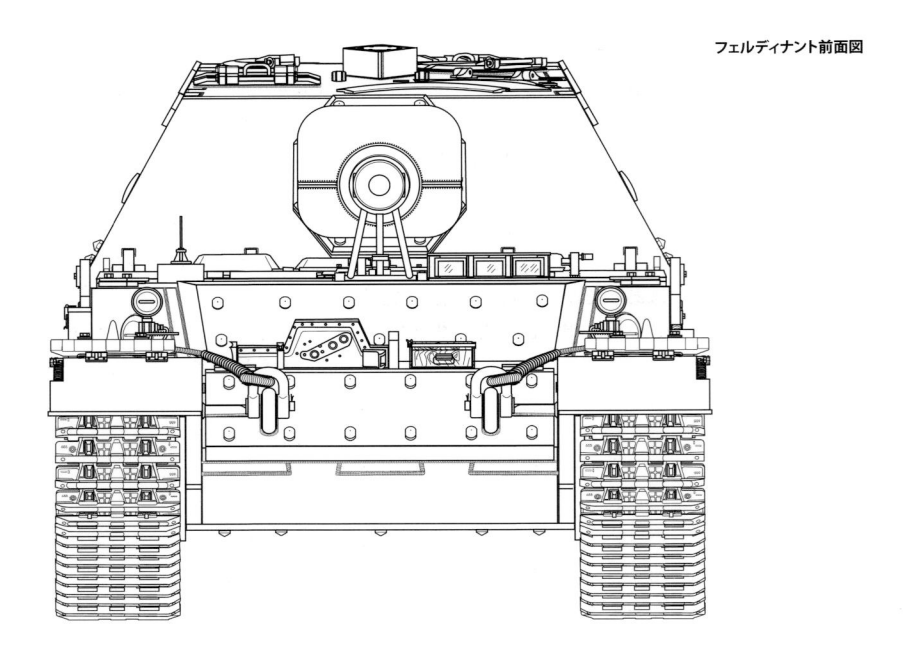

フェルディナント後面図

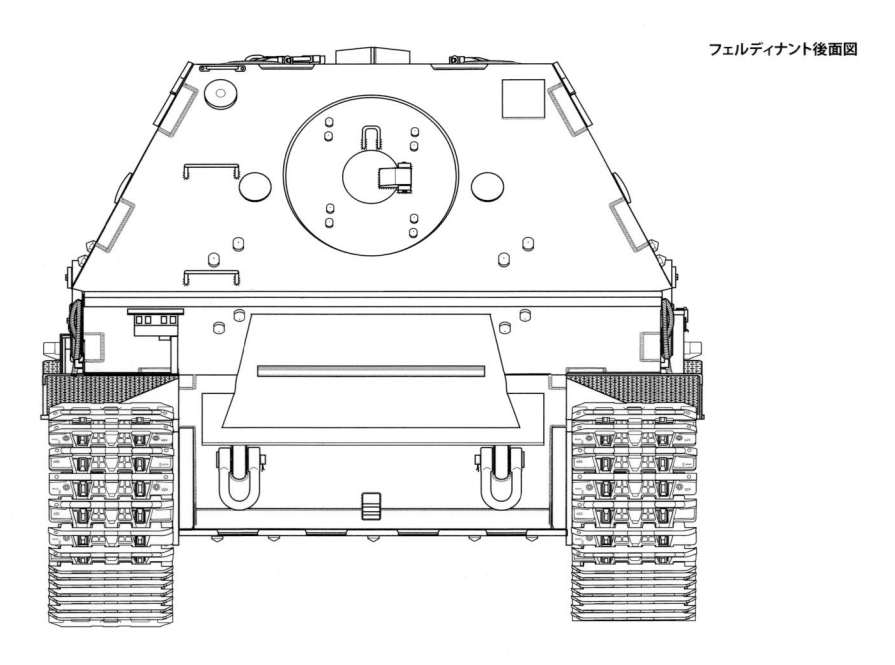

44

走行装置

　フェルディナントの走行装置は片側につき各12枚の転輪と組み合わせた揺動台車（スイングボギーホイール）3組から構成される。走行装置の特徴は、他の多くの戦車（KV、T-50、Pz.Ⅲ、Pz.Ⅴパンター、Pz.Ⅵティーガー）と異なり懸架装置のトーションバーが車体の内部ではなく外部に、しかも横ではなく縦置きにされている点である。F・ポルシェの開発によるかなり複雑な設計の懸架装置ではあったが、非常に効果的に機能した。重量59トンのVK4501（P）戦車用に想定された装置であったが、例えばそれより6トンも重いフェルディナントでも難なく機能した。さらに、ポルシェ設計の懸架装置は野戦条件下での修理や保全によく適していることも判明し、この点ではティーガーやパンターよりもはるかに優れていた。内側に緩衝材を入れた転輪の構造も優れており、かなりな耐用性を有していた。この懸架装置で欠点と呼べるものはおそらく、マイバッハのエンジンの排気ガスが第5転輪付近で排出され、それがこの転輪の過熱と頻繁な故障につながっていた点であろう。

　最後尾に配置される起動輪は、19枚の歯の付いた着脱可能なスプロケットがある。誘導輪もまたスプロケットがあり、それが履帯の空転を防ぐことになる。幅640㎜の履帯は108〜110個の鋳造鋼鉄製の履板からなり、それぞれピンで連結されている。これら履板のリンクは、一方は環状のストッパーが、もう一方を連結ピンのボルト頭部が保持している。

電気機器

　フェルディナントの低電圧電気機器系統はⅣ号戦車のそれと類似のもので、トランスミッションの電気機器とはまったく独立していた。むしろトランスミッションの電気機器の方が車両の低電圧電気機器系統に影響される状態にあった。なぜならば、他励発電機のコイルと動力装置電動機のコイルは蓄電池から給電されるからだ。

　車体側面の低電圧配線網には2種類の電圧――12ボルトと24ボルト――が用いられた。発電機と蓄電池は24ボルトで、この電圧で給電されていたのはスターターと発電機の他励コイル並びに動力装置電動機のコイルである。他の電力消費機器（照明、無線装置、換気装置モーター）は12ボルトであった。すべての電気配線は無線機器へのノイズを消す目的でシールド線による単一配線とし、そのために発電機の充電回路に電気フィルターが組み込まれた。

　低電圧の電気機器の給電と充電装置の充電のために、ボッシュ社製の24ボルト電圧発電機が2基設置されていた。それらは車底のマイバッハ製エンジンの後背の専用ボックスに取り付けられ、これらのエンジンから発電機への伝導もベルトギアと弾性継手を使って行

われていた。
　ヴァルタ社製の4個の蓄電池は操縦室の通信手席の下に配置された。それらは2組に並列連結され、24ボルト発電機から急速充電される。
　車外の照明には2個のボッシュ社製照明灯と1個のテールランプ（車間灯）がある。照明灯内にはそれぞれ2個の電球がある――20ワットのフィラメント2本の電球（遠近照明用）と3ワットの駐停車照明用の電球である。テールランプは5ワットの電球1個のみで、4つの孔が開いたカバーが被せてある。
　車内の照明は10ワットの電球6個で行われ、2個が操縦室、4個は戦闘室に取り付けられている。このほか、それぞれ3ワットの電球2個が計器板の照明に使われた。

通信装置
　フェルディナント突撃砲にはFuG5無線機が装備され、操縦室に設置されていた。これは、音声通信では6.5kmの距離まで、また電信では9.5kmまでの交信を可能にし、アンテナ基部は操縦室天蓋の右側にあった。さらに、中隊長車と大隊長車にはより強力なFuG8無線機が搭載され、それ用に増設アンテナ基部が戦闘室背面の右角にあった。

28：故障が原因で遺棄され、乗員によって爆破された第653重戦車駆逐大隊第3補給中隊のフェルディナント。この車両には戦術番号も中隊識別章もない。1943年7月。（ASKM）

29：地雷を踏んで爆発、全焼したフェルディナント。1943年7月。（ASKM）

第4章
"クルスク"での戦闘デビュー
БОЕВОЙ ДЕБЮТ НА «КУРСКОЙ ДУГЕ»

　1943年3月19日、リューゲンヴァルデでヒットラーに新型兵器が披露され、その中に最初のフェルディナント1両もあった。この場にいたH・グデーリアン機甲兵総監は自著『一兵士の回想』の中でこう記している――
　「フェルディナントはポルシェ博士設計のティーガー戦車をベースにして電動式駆動装置を備え、固定砲塔に8.8cm砲L/71を搭載して設計された。車両に長砲身砲以外の兵装はなく、したがって近接戦には不適である。これが強力な装甲にもかかわらず有する弱点なのだ。これらの車両90両の量産発注はすでに行われているため、私はその運用策を考え出さねばならなかった。ただし、ヒットラーのお気に入りであるポルシェの車両に関する熱狂を私は戦術的観点から共有することはできなかったのだが。90両のフェルディナントによって、それぞれ45両の大隊2個からなる1個戦車連隊が編成された」。
　フェルディナント部隊の編成は1943年4月1日に始まった。オーストリアのブルック・オン・ライテ教習キャンプにいた第197Ⅲ号突撃砲大隊が第653重戦車駆逐大隊（scwere Panzerjäger Abteilung 653）への改編を命じられ、編制定数上は45両のフェルディナント自走砲を保有することとなった。第197大隊の兵員は1941年の夏から1943年1月にかけて東部戦線で行動し、戦闘経験が豊富であった。
　この部隊改編の過程で将来のフェルディナント乗員たちはニーベルンゲンヴェルケ工場に送り込まれ、ここで教習を受け、フェルディナントの組み立て作業にも加わった。第653戦車駆逐大隊は4月末の時点で45両のフェルディナントを保有するに至ったが、5月の初旬には司令部の命令によりこれらの車両を、ルーアンで編成中だった第654大隊の兵器充当のために譲渡させられた。ちなみにルーアンはかつて、かの有名なジャンヌ・ダルクが処刑された都市である。
　5月半ばの第653大隊のフェルディナントはすでに40両を数えるほどになり、戦闘訓練が強化されていた。5月24、25の両日、同大隊をグデーリアン機甲兵総監が訪れ、ノイジーデルの演習場を視察した。この演習でフェルディナントは42kmの距離を走破したばかりでなく、第3中隊が地雷原での進路啓開を任務とする無線誘導

30：ニーベルンゲンヴェルケ工場から前線に送られるフェルディナント。1943年5月。最初に送られる5両は防水シートで覆われている。（ASKM）

　爆薬運搬車ボルグヴァルトBIVとの連携行動にも習熟した。1943年6月9日から同12日の間に第653重戦車駆逐大隊は11個の鉄道輸送団に分かれ、東部戦線に向けてオーストリアのバンドアフ駅を後にした。大隊はモードリン、ブレスト、ミンスク、ブリャンスク、カラーチェフ、そしてオリョールを経て、ズミーエフカ駅（オリョールから南に35km）で大隊を降ろした。
　一方、第654重戦車駆逐大隊の編成は1943年の4月末に始まり、これはすでに1939年8月末に編成の第654対戦車大隊をベースにして行われた。当初この対戦車大隊は37㎜砲Pak35/36を装備していたが、後にマルダーⅡ自走砲を受領。フランス作戦と東部戦線での戦闘に参加している。
　重戦車駆逐大隊としてはそもそも88㎜対戦車自走砲ホルニッセを受領するはずであったが、最終的に変更がなされて、フェルディナント用に編成が進められることとなった。1943年の4月28日まではオーストリアに駐屯していたが、同4月30日にはフランスのルーアンに移された。5月の半ばに前出の第653大隊から最初のフェルディナント車両群が届いた。それらが列車から降ろされて市内を通過していると、市民の間にパニックを引き起こした――「作動するエンジンの特徴的な音が連合国軍機の空襲と受け止められたのだ」。そして鋼鉄の怪物がセーヌ河の古い橋を渡ると、橋は2㎝も！沈み込んでしまった。
　第654大隊はルーアンから程遠くない飛行場に駐屯し、そこで乗員たちの訓練が行われた。5月末に最後の45両目のフェルディナントが到着し、6月6日にはグデーリアン機甲兵総監臨席のもとで

フェルディナントと第24戦車師団部隊との合同演習が実施された。このときグデーリアンは、第654大隊の基本任務は「良く固められた敵陣の突破を確実にし、戦車部隊の敵後方への進路を開く」ことにあると語った。

1943年6月13日～15日の間、第654大隊は14個の鉄道梯団に分かれ、ルーアンを発ってロシアに向かった。ドイツ領内での停車時には列車の警備をゲシュタポが担当した。第654大隊は6月24日から同30日にわたって、オリョール近郊のズミーエフカ駅で続々と降車していった。

1943年3月31日付の戦力定数指標K.St.N 1148cによると、重戦車駆逐大隊は司令部と本部中隊（管理小隊、工兵小隊、衛生小隊、対空小隊各1個）、3個のフェルディナント中隊（本部中隊車2両、各4両保有の小隊3個）、整備中隊1個（回収小隊、整備小隊各1個）、自動車輸送中隊1個からなり、合計45両のフェルディナント自走砲と1両の装甲兵員輸送車Sd.Kfz.251/8（衛生車）、6両のSd.Kfz.7/1（半装軌式牽引車Sd.Kfz.7のシャシーをベースにした四連装20㎜対空砲）、半装軌式牽引車Sd.Kfz.9（18トン）15両、トラック（通常型と半装軌式マウルティア）、キューベルワーゲンを保有することになっていた。

第653大隊はフェルディナント第1、第2、第3中隊を有し、第654大隊には第5、第6、第7中隊があった（第4中隊が欠けていた理由は不明）。フェルディナント自走砲の戦術番号は、ドイツ国防軍の規則に沿ったものであり、例えば第5中隊の本部付2両は501

31：前線に向かう第653重戦車駆逐大隊第3中隊所属のフェルディナント322号車。1943年6月。これらの怪物の輸送には専用鉄道貨車が用いられたため、輸送には大きな問題が起きていた。**本車はダークイエローに塗装され、迷彩を施されていない——迷彩は戦闘行動地区到着後に乗員たちの手で行われる。**（ASKM）

と502の番号を持ち、第1、第2、第3小隊のフェルディナントには
それぞれ、511〜514、521〜524、531〜534の番号が用いら
れている。

　前線に到着した第653、第654の両重戦車駆逐大隊は第656戦車
連隊の麾下に入った。この連隊本部は1943年の6月8日に編成され
たばかりであった。この連隊には第653、第654大隊のほかに、ブ
ルムベアⅣ号突撃戦車を装備した第216突撃戦車大隊やBIV無線運
搬車中隊2個（第213、第214）が含まれていた。同連隊は第9野戦
軍に属し、ポヌィリー駅〜マロアルハンゲリスク方面のソ連軍防衛
線の突破を確実ならしめねばならなかった。

　6月25日からフェルディナントは前線に向けて移動を始めた。移
動はすべて夜間のみ、特別に選定されたルートに沿って行われた。
このルート上に位置する橋は補強されて、Eの文字で印が付けられ
た。フェルディナントの進出を欺瞞するために、その集結地点の上
空にはルフトヴァッフェの飛行機が飛び回った。7月4日までに第
656戦車連隊は次のように展開していた――オリョール〜クルスク
鉄道線の西に第654大隊（アルハンゲリスコエ地区）、東側には第
653大隊（グラズノーフカ地区）、両大隊のさらに外側に第216大
隊の3個中隊。各フェルディナント大隊にはボルクヴァルト無線誘
導弾薬運搬車中隊1個が付与されていた。このような態勢で第656
連隊は全長8kmにおよぶ前線で行動していた。

　1943年7月5日0340時、準備砲撃と準備空襲の後で第653、第
654の両大隊は第86、第292歩兵師団部隊を支援しつつ、2個の梯
団（前方に2個中隊、後方に1個中隊）で前進した。

　第653大隊は［ツィタデレ作戦］初日、ドイツ軍が"戦車高地"と
呼び習わしていた257.7高地地区のソ連軍陣地付近で激戦を演じ
た。彼らは膨大な数の地雷原に悩まされ、ボルクヴァルトも針路の
啓開が追いつかなかった。このため始まったばかりの戦闘で10両
を超えるフェルディナントが地雷で爆破され、転輪と履帯に損傷を
負った。深刻な損害は兵員にも出ていた。例えば第1中隊長のシュ
ピールマン大尉は自分の車両の損傷具合を検分している最中に対人
地雷を踏んで重傷を負った。やがて地雷に加えてソ連軍の砲撃が始
まり、それはかなりの効果をもたらした。この結果7月5日1700時
現在で可動状態にあったのは、45両のフェルディナントのうちわ
ずか12両になっていた。その後の2日間（7月6日と7日）、第653大
隊の残存兵力はポヌィリー駅の争奪戦に参加した。

　第654大隊は攻撃発起をさらにしくじった。付与された工兵たち
が自軍の地雷原に針路を2本ずつ、第6中隊と第7中隊のために用意
していた（第5中隊は第7中隊の後から第2梯団として進んでいた）。
ところが、フェルディナントたちが動き出すと、第6中隊とそれに

32：第654重戦車駆逐大隊第5中隊のフェルディナント513号車。1943年7月。この車両では機関室のグリルを雨や埃から防護する覆いを固定した状態がよくわかる。(IP)

　付与されたボルクヴァルト小隊は、地図に記されていなかったドイツ軍の地雷原に引っかかった。このためBIVの一部は被弾爆発し、それらを誘導していた車両をもいくつか破壊してしまった。数分の間に第6中隊のフェルディナントの大半が地雷で爆破され、戦列から脱落したのである。ソ連軍の砲兵はフェルディナントに対して嵐のような砲撃を浴びせ、攻撃のために立ち上がったドイツ軍歩兵を地に這いつくばらせた。複数の工兵たちがフェルディナントの援護射撃の下で針路を整備することに成功し、可動状態にあった4両の第6中隊車はソ連軍塹壕の第1線に進出することができた。フェルディナント乗員たちの回想によると、ここで彼らを襲ったのは「塹壕に残り、火焔放射器で武装した幾名かの勇敢なロシア兵だった。右翼では線路から砲兵が射撃を始めたが、それが効果的でないのを認めると、ロシア兵は後退した」。

　第5、第7中隊もまた塹壕第1線に到達したが、地雷原と強烈な砲撃を受けて一部の車両を失った。このとき大隊長のノアク少佐は砲弾の破片で重傷を負い、後に死亡した。

　第654大隊の残存兵力は塹壕第1線を占め、友軍歩兵の到着を待ってから、さらに先のポヌィリー方面へ進出した。このとき一部の車両は地雷を踏み、フェルディナント第531号車は砲撃で撃破されて全焼した。大隊は宵の頃にポヌィリー北方の丘陵に達してその日

の任務を終え、休息と部隊再編のために足を休めた。
　燃料、そして何よりもまず弾薬の運搬に問題が起きたことから、7月6日にフェルディナントを戦闘に投入出来たのは1400時になった。ところが強烈な砲撃を受けたドイツ軍の歩兵は大きな損害を出して遅れをとってしまい、ドイツ軍の攻撃は中断した。この日第654大隊は、「防御を強化するために到着した大量のロシア軍戦車について」報告を提出している。夕方の報告によると、フェルディナントの乗員たちがソ連戦車T-34を15両撃破し、このうちの8両はルーダース大尉指揮下の乗員たちが、残る5両はペテルス少尉の乗員たちが自分たちの戦果だとして申告した。
　翌日第653、第654両大隊の残存兵力は軍団予備兵力としてブズルークに転進させられ、1943年7月8日には6両のフェルディナントといくつかのブルムベアがポヌィリーへの攻撃に参加したが成果は無かった。
　7月9日0600時、カール少佐率いる戦闘団（第505ティーガー重戦車大隊、第654（＋第653大隊の一部車両）および第216戦車駆逐大隊、突撃砲大隊）が再びポヌィリーへの突撃を開始した。あるフェルディナントの乗員たちの証言によると、「敵の抵抗は本当にぞっとするほど恐ろし」く、戦闘団はポヌィリーの町外れまで進出したものの、その成果を拡大させることはできなかった。この後第653、第654の両大隊はブズルーク～マロアルハンゲリスク地区に予備として後退させられた。
　ソ軍の反攻が始まると、戦列に残っていたフェルディナントは全車両が積極的に戦闘に使用された。例えば7月12日～14日の間、第653大隊の24両のフェルディナントはベレゾヴェツ地区で第53歩兵師団部隊を支援した。このときクラースナヤ・ニヴァー川でソ連戦車の攻撃を撥ね返していたティレット少尉のフェルディナント乗員は、22両の敵戦車破壊を報告している。
　第654大隊は7月15日にマロアルハンゲリスク～ブズルーク線側からの戦車攻撃を撃退し、しかも第6中隊は敵戦闘車両13両を破壊したと戦闘報告書の中で伝えている。
　その後両大隊の残存兵力はオリョールに移されたが、第654大隊第6中隊は第383歩兵師団の撤退支援にあたった。7月30日までにすべてのフェルディナントが前線から外され、第9軍本部の命令により自走砲は列車で、他の兵器は自走でカラーチェフに向かった。
　ツィタデレ作戦の間、第653、第654大隊は毎日夕方に無線で兵力状況について連絡を行っている——戦列に残っているフェルディナントの数は7月7日37両、7月8日26両、7月9日13両、7月10日24両、7月11日12両、7月12日24両、7月13日24両、7月14日13両。1943年7月5日から同14日の間に全損となったフェルディナントは

33：第653大隊第2中隊のフェルディナント231号車は、クルスク戦の際に三色迷彩を施されていた唯一の自走砲である（車長はO・ヘッカー上級曹長）。1943年7月。（IP）

34：戦闘の合間の第654重戦車駆逐大隊第5中隊のフェルディナント534号車。1943年7月。軟弱な土地を移動する際にこの車両がどれほど深いわだちを残すのかがよくわかる。（KM）

35：第654重戦車駆逐大隊本部中隊所属フェルディナントⅡ-03号車。1943年7月。この数日後に本車は撃破され、赤軍部隊に鹵獲された。(KM)

　全部で19両で、その中には地雷で損傷を受けて乗員たちの手で爆破されたものや、ソ連軍重砲の射撃で撃破されたものもあった。また、4両のフェルディナントは電気機器のショートで火災が発生し、擱座した。
　1943年7月12日に始まったソ連軍の反攻においてはさらに20両のフェルディナントが失われた（8月1日現在のデータ）。それらの大半は、戦闘による損傷や故障が発生した後に車両の回収が不可能な状態だったため、乗員たちの手で爆破されたものであった。ツィタデレ作戦での第653、第654両大隊の全損は合計でフェルディナント39両を数えた。これに対して、第656戦車連隊の本部は同じ期間に敵の戦車および自走砲502両と対戦車砲20門、その他の砲約100門を撃破、または戦闘能力を失わせたと報告している。第653大隊は、1943年7月5日から同27日の間にフェルディナントが320両のソ連戦車と多数の砲やトラックを撃破したと伝えた。ではここで、これらの赤軍戦車、砲兵部隊の損害がドイツ軍報告のとおりであったかどうかを、クルスク戦線におけるソ連中央方面軍の防衛戦を例に検証してみよう。
　まず砲兵について、1943年7月5日～15日に中央方面軍は全種類の口径で433門を失っている。その後の反攻作戦での砲の損害は防衛戦のときよりも少なかったことを考えると、フェルディナントによって撃破された砲が120門とする数字は明らかに水増しされている。
　1943年7月5日時点のソ連第13軍戦車部隊（まさしくこの地帯でフェルディナントが行動）は215両の戦車と32両の自走砲を有し、さらに第2戦車軍と第19戦車団の827両の機甲兵器が方面軍予備として待機していた。それらの大半は、ドイツ軍が主攻撃を発起したソ連第13軍地帯で戦闘に投入された。

ソ連第2戦車軍の1943年7月5日〜15日の間の損害は、全損並びに部分撃破されたT-34とT-70の数が270両（後者の割合は34％）、第19戦車軍団では115両、第13軍戦車部隊（補充として到着、戦車連隊や自走砲・砲兵連隊の戦闘に参加した55両を含む）においては132両に上る。このように、第13軍の行動地帯で使用された戦車・自走砲1,129両に対して、損害は合計で517両になる（しかもそれらの大半はすでに戦闘期間中に修理されている）。これらのデータと、さらに第13軍の防衛線が80〜160km（日によって変動）だったこと、それにフェルディナントの行動前線が4〜8kmに過ぎなかったことを考え合わせると、ドイツ軍の報告書にあるフェルディナントの戦果に関する数字はかなり水増しされている。そのうえ、ソ連中央方面軍（主に第13軍）に対しては、複数の戦車師団とティーガー大隊、突撃砲大隊、マルダー自走砲大隊、ホルニッセ自走砲大隊が行動し、加えて砲兵部隊もいたことを思えば、フェルディナントの戦果はさらに輝きを失うだろう。とはいえ、似たような光景はティーガーやドイツ戦車部隊一般の戦果を検証する中でも見受けられることを忘れてはならない。もっとも、これはソ連、アメリカ、イギリス、フランスの軍についても同様である。しかしそれにもかかわらず、フェルディナントは特に長距離において確かに手強い相手であった。

　クルスク戦でのフェルディナントの戦闘運用に関するいくつかのドイツ軍の資料が興味深いので引いてみよう。

G・グデーリアン機甲兵総監から陸軍参謀総長ツァイツラー将軍に宛てた1943年7月17日付報告書の添付資料第2号：
「ティーガー・ポルシェ並びに突撃戦車の戦闘運用に際して得られた第656戦車駆逐連隊の実戦経験
戦闘運用　第656戦車駆逐連隊は第9軍攻撃地帯での戦闘に使用され、主に第86歩兵師団部隊を支援。
　想定される地雷原に針路を啓開すべく、Pz.Kp.（FKL）無線誘導爆薬運搬車中隊2個が連隊に付与される。
　強烈な敵の砲撃（攻勢初日は100門に上る重砲と軽砲172門、ロケット砲386門、多数の迫撃砲が使用される）が歩兵の進撃を甚だ困難にさせる。
　フェルディナントと突撃戦車は、友軍歩兵が砲火の下で迅速に移動できる状態になかったため、敵防御を十分迅速に突破することができなかった。敵の砲兵は後方陣地へ後退して防御を固める時間を得ていた。戦闘車両に機銃欠如の代償を払わされることになった。損害は相応に大きかった。
全損　フェルディナント19両（主に砲弾の命中によるものだが、4

36:第653大隊第1中隊長シュピールマン大尉の指揮車であったフェルディナント101号車の後部。右側にはバケツで隠れた第1中隊本部の部隊章があるのがわかる。1943年7月。7月6日にシュピールマンはソ連軍の地雷で爆破され、重傷を負った。車体後面に取り付けられた多数の"非正規"資材が注目される。(IP)

両は電気回路のショートとその後の火災が原因)、
　突撃戦車10両(主に地雷による被害や砲撃による損傷後に乗員たちの手で爆破された)。
　履帯と特に転輪の損傷が中心であった。これらの大きな損害は、無線操縦戦車(FKL)中隊を2個投入したにもかかわらず、やはり地雷が大量にあったことと関係している。無線誘導運搬車中隊が強力な砲撃の下で首尾よく行動できなかったのは確かである。しかも一部の車両は操縦装置の故障で出撃陣地においてすでに行動不能となっていた。地雷原における通路標識の設置は猛砲撃下において不可能であった。それゆえフェルディナントの乗員たちが通路を探し出すことができない事態も頻発した。無線誘導運搬車のさらなる改良と地雷除去装置の開発が求められる。
　しかし、多大な損失にもかかわらず、フェルディナントと突撃戦車は想定された目的を達成できた。実質的に歩兵の支援なしに行動していたにもかかわらず、5kmの前進を果たした。これは、強力な砲兵力を伴い、奥深く重層化された敵陣に対して成果を挙げるには、歩兵との緊密な連携が不可欠であるという事実を強調するものである。
第656戦車連隊の装備車両の運用に関するいくつかの結論

37：第653大隊第3中隊のフェルディナント324号車の後部。戦闘室後面装甲板の左下には戦術番号が、また右上には黄色に白の縁取りをした第3中隊の識別マークが見える。(ASKM)

38：第653大隊所属フェルディナント124号車。1943年7月。車体上面装甲板にはジャッキとジャッキ用木材の固定状況、それにフェンダーの上の予備履帯がよく見える。(IP)

（フェルディナントに関するデータのみ引用：著者注）
1. 兵装　砲の作動は非常に良好であったが、機銃の欠如は戦闘の過程に否定的に影響した。この欠点を解消すべく、フェルディナントには近接戦での防御に使用するⅢ号戦車12両を随伴させた。
2. 装甲　正面装甲を射貫されることはなかった。側面装甲は7.62㎝口径砲弾によって射貫されたケースが複数あった。機関室天蓋もまた砲撃によって破壊されている。要請：（15～20㎜厚の）装甲板でラジエーターグリルを被覆すること、そして機関室天蓋に上から金属製の格子を取り付けること。装甲天蓋は同時に機関室を雨水の浸入から守り、電装部のショートによる故障を防ぐことになる。
3. 無線通信　電気機器の作動によるノイズで通信は困難であった。この状態は、電気機器の重大な消耗のために悪化し続けている」。

——第653重駆逐戦車大隊のベーム軍曹が1943年7月19日付でハルトマン将軍に宛てて、フェルディナントの戦闘運用に関する報告を添えた書簡——
ハルトマン少将閣下！
　我らがフェルディナントの戦闘投入に関する短い報告をいたします。フェルディナントは戦闘運用の初日に敵掩蔽壕、歩兵、砲兵陣地を撃破していきました。3時間にわたり我々の突撃砲は嵐のよう

な銃砲火の下でその信頼性を証明しました！　さらに攻勢初日の夕方にもフェルディナントは戦車数両を撃破し、残りの戦車は撤退しました。

　我が大隊は初戦において多数の砲兵中隊、個々の対戦車砲、掩蔽壕に加え、友軍部隊と協同で120両の戦車を撃破しました。当初の我々の損害は60％でありましたが、そのほとんどは地雷によるものでした。戦場にはあまねく地雷が埋設され、しかし地雷除去設備は我々にはありませんでした。グデーリアン大将閣下もまた我々と行動をともにされたのであります。

　ロシア軍は兵器を改善し、その数量を増大させています。彼らの砲兵はここでは優秀です──砲撃は個々の兵士にさえ向けられています！　さらに大量の対戦車砲と膨大な数の対戦車ライフルを保有しています。しかしながら、ロシア軍の砲弾は我々の装甲を貫通することができません（私がある1両のフェルディナントで経験した被弾は、55発を数えました）。

　最初の戦闘で我々は6両を失い、そのうちの1両は停車中、開いていたハッチにロシア軍の砲弾が偶然命中し、1名が死亡、3名が負傷しました。3両は敵の反撃時に撃破されたため、爆破せざるを得なくなりました。他の1両は鉄道の道床を乗り越える際に砲弾が命中し、戦闘室と砲身とラジエーターグリルを破損しました。もう1個の大隊ではいくつかの車両が重砲弾の命中により、天蓋部が損傷を受けました。

39：行軍中の第654大隊第5中隊のフェルディナント511号車。1943年7月。傍のIV号戦車と比べると、大きさの違いがよくわかる。（ASKM）

2回目の戦闘投入の際、我々の損害は減り、失ったのは2両だけでした（そのうち1両は搭乗員による爆破処分）。ある友軍自走砲は一度に22両の戦車を撃破し、わが砲の車長は攻撃してきた9両のアメリカ戦車のうち7両を撃破しました。撃破した敵戦車の総数は非常に大きいでしょう。

　榴弾を使用する際にはしばしば装填時に弾詰まりし、薬莢が排出されずに多くの問題を引き起こします。ある砲身は貫通し、別の砲身には亀裂が入り、また別の砲身は膨張を起こしました。

　現在、ラジエーターグリルの上には私がかねてより提案していました防護板が張られています。なぜならば、ロシア軍が燐酸榴弾（恐らくKS火炎瓶のことと思われる：著者注）を使用するからです。

　フェルディナントはこれらの戦闘で完全に期待に応え、決定的な役割を演じました。今日、戦車や砲で充満した敵の防御を突破する際に、このような兵器なしで行動することは困難であります。電動駆動装置は問題なく作動し、操縦手と乗員たちは驚喜しています。ガソリンエンジンは若干の損傷を受けていますが、それは大きな重量ゆえの弱点として受け止められており、また履帯が若干狭すぎるように感じられます。もし、戦闘の結果に則してフェルディナントを改良できたら、それは素晴らしい兵器となりましょう！

　あるフェルディナントの戦闘室側面をⅣ号戦車が誤射して貫通し、車長の身体は半々に引き裂かれました。別の車両は、ロシアの対戦車砲が誘導輪を破砕し、T-34戦車群（うち7両がフェルディナ

40：後方に撤退する第653大隊第1中隊所属のフェルディナント。1943年7月。自走砲の乗員は操縦手を除いて全員が装甲車体の上に座っている。（ASKM）

41：赤軍部隊が鹵獲した第654大隊のフェルディナントⅡ-03号車。1943年7月、ボヌィリー駅地区。この自走砲は走行装置が砲弾で損壊した後、火炎瓶で全焼した。車体尾部の左側にはNst（ノアク少佐本部──第654大隊長）の文字が、また上部の増設アンテナ導入基部にアンテナの残骸が見える。（ASKM）

ントを包囲）により距離400mから射貫されましたが、被害はありませんでした。戦闘警備に当たっていたフェルディナントは近距離からの火器により戦闘不能となり、後退を試みた際に深い壕に転落しました。このような場合に防御を行う上では、自走砲には前方機銃が不足しています。個人携行武器射撃用のピストルポートはあまりに小さく、そこからは照星も見えないことが多くあります。

　我々は、敵の砲や戦車を専門部隊の手で後方に回収したり、あるいは完全に破壊することをせず、戦場に放置するという大きな過ちを犯しています。例えば、夕方45両の撃破された戦車が無人地帯にあっても、翌朝には20両減っているのです──夜間にロシア軍がそれらを牽引車で回収していったのです。我々が昨夏に撃破し、戦場に置き去りにした戦車は、今年の夏に再び彼らの手に戻りました！　最初の戦闘で戦場には撃破されたロシア軍戦車、それに砲や対戦車砲（一部は無傷のままで弾薬もそのままでした）が残りました。前線が後退すると、すべてがまたもや彼らの掌中に転がり込みました……。

　すこぶる元気にしております。将軍閣下もまたご回復なされますようご祈念申し上げます。
　ベーム軍曹」

42

43

42：撃破されたフェルディナント（第653大隊所属と推定される）を検分する赤軍兵。1943年7月。本車には右舷第2転輪に砲弾の弾痕があり、車体側面には非正規な工具箱の残骸が見える。（ロシア国立映画写真資料館所蔵、以下RGAKFD）

43：第654重戦車駆逐大隊第6中隊長のフェルディナント601号車。1943年7月、ポヌィリー駅地区。本車は緑色の帯による"網目"迷彩で、戦闘室に記された戦術番号は黒である。（ASKM）

44：航空爆弾の直撃で撃破されたフェルディナント。この車両の戦術番号を特定することはできなかった。1943年7月、ポヌィリー駅地区。(ASKM)

45：赤軍の指揮官たちが、ドイツ第654大隊第7中隊の、撃破された2両のフェルディナント702号車と723号車を検分している。1943年7月、ポヌィリー駅地区。702号車は（シャシー番号150011）はアルケット社で組み立てられた最初の2両のうちのひとつである。この自走砲は、砲弾や爆弾を地中に埋設したフガス地雷を踏んで爆破されたようだ。(RGAKFD)

46：ドイツ第654大隊第6中隊の撃破されたフェルディナント623号車を検分するソ連軍将校たち。1943年7月。自走砲内部の爆発により戦闘室の溶接部分がずれてしまっている。（ASKM）

47：中央方面軍参謀部の将校たちが撃破されたフェルディナントを検分している。1943年7月。中央左手に立っているのは方面軍司令官のK・ロコソーフスキー上級大将。車体と砲塔の前面装甲板には大口径砲弾が命中した弾痕が見える。（ASKM）

48：撃破されたドイツ第653大隊第1中隊のフェルディナント113号車を検分するソ連軍将校たち。1943年7月。この車両には緑色の大きなまだら迷彩が施されている。(ASKM)

49：撃破されたフェルディナント（第654大隊所属車両と思われる）。1943年7月。(ASKM)

50：ソ連第129狙撃兵師団によって乗員もろとも捕獲された、第653大隊第3中隊のフェルディナント333号車。1943年7月。本車は走行可能な状態だったが、その後の運命については筆者には不明である。［戦闘室側面に赤軍部隊が書き加えた文は86頁のイラストと解説を参照］（ASKM）

51：オリョール地区の第654大隊所属フェルディナント。1943年7月。砲口にカバーが被せられており、乗員たちはカラーチェフに向けて出発準備を完了。（KM）

──1943年7月24日付で第656戦車駆逐連隊長が第2戦車軍参謀部に送った戦闘活動報告──
「7月5日以降連隊は最前線にあって連続して戦闘に参加。1個大隊のみ（第653大隊：著者注）24時間の休息をとり、兵器の整備に当てることを許可された。

　フェルディナント自走砲にも突撃戦車にも非常に多くの機械的欠点が発見され、それらを解消し、車両を後方に下げて3～5日間必要な修理を施すことが求められた。この点は守られなかったが、連隊の整備部隊は昼夜を問わず働き、可及的速やかに損傷車両を修理し、より多くの兵器を戦場に送り出そうと務めた。

　しかし、戦闘負荷が大きく、整備規則が守られないことから、戦闘能力の完全なる復旧には14～20日間の修理を必要とする状況にある。現在、修理済みの車両が修理中隊から前線に向かう途中で新たな、または別の故障に見舞われる事態が日ごとに増えるという状態になっている。これにより、作戦投入前に設定された車両配備数と戦闘投入期間は非現実的となった。

　仮にすべての戦闘車両が、一週間は必要な根本的修理を受けることができなければ、近いうちに我が連隊は機械的原因により戦闘不能となるであろうことを、第2戦車軍参謀部に申し上げる。

　現在の連隊はフェルディナント54両と突撃戦車18両を保有するものの、これらの"戦闘可能な車両"さえも極限まで損耗している。すべてのフェルディナント部隊を解隊し、フェルディナントを3群にまとめ、前線を越えて5～8kmの所で行動する機動予備兵力として使用することを提案する。そしてその他のフェルディナントはすべて修理に送り、修理完了した車両を前線の車両と交替させる。
部隊配置：
作戦行動群1──クルターヤ・ゴラー駐屯。行動地区はシュミーロヴォ、ドムニノ、マーロエ・ビャーゼヴォ。
作戦行動群2──スタノヴォイ・コロデージ駐屯。行動地区は軍境界戦区のシュミーロヴォまで。

　連隊指揮所は第2軍本部に近接。各戦闘団との無線連絡は朝0400時から夜の2400時まで行われる」。

──第653大隊将校ハインツ・グレーシェルが1943年7月25日付でポルシェ兄弟に宛てて、彼らのシュトゥットガルトの会社に送った報告──
「我が隊の車両はすでに3週間戦闘にあり、500km以上走行した。我々の車両の長所と短所を貴殿にご説明するに十分な資料を集めた。各隷下部隊の指揮官とも共有する見解に基づき、これらの車両の運用は成果をもたらし、ただその配備数が非常に少なかったこと

を誰もが残念に思っていると言うことができる。自走砲［フェルディナント］1両当たりの被弾数は平均して15発であり、その優れた設計に異論の余地はない。しかし今日編成内にある車両の数をさらに多くできただろうと指摘しておきたい。残念なことに車両の大半は修理中で、この状況は日を追って悪化しつつある。故障が増えるにつれ、それでなくとも希少な予備部品はすぐに底をついてしまう。予備部品の補給は現在、残念なことに、後方の混乱によって管理することが実質的に不可能である。

現時点で当初保有の45両から17両を失い、そのうち7両は連隊命令により他の部隊に転属し、残る10両は全損で登録を抹消された。以下、貴殿に最も頻繁に発生する故障と不調について報告したい。

走行装置

予想に反して、車台にかかる過負荷による故障は皆無であった。これには戦闘地区全体の柔らかい土壌が大きく寄与したようだ。緩衝装置（特に排気装置下にある揺動台車と第5転輪）のゴムリングの消耗が非常に大きい。

トーションバーはノイジーデル後破損することはなく、その軸受は申し分なく持ちこたえている。敵の射撃を受けて揺動台車約20基と多数の転輪が破損した。第5転輪では排気ガスの加熱によりグリースが蒸発してもたなかった。

サスペンションの前方揺動台車の軸受が破損するのは、おそらく地雷によるものと思われる。戦闘中に損壊した車両はその部品を利用することができるのだが、あいにく回収される車両の数が十分でない。

操行装置とブレーキ

損傷のいくつかのケースはツァドニク氏もご存じである。その後、いかなる問題も起きていない。破損後さらに2日間も戦闘を続けた2両の車両は、ブレーキドラムを撃ち抜かれていた。その内部はもちろん、完全に破壊されていた。

下部車体

被弾しても実質的に安全であることが証明された。ある車両の貫通弾孔（口径7.62㎝）は後部換気ファン用駆動シャフト付近の側面にあり、その他無数のひびが認められた。しかしこの貫通弾は何らの否定的な影響ももたらさなかった。

しかし、実戦で戦闘室のグリルが弱点となることが示された。被弾した際に砲弾の破片が燃料タンクを貫通したり、例えば冷却水パ

52：鉄道貨車に載せられた第654大隊第5中隊のフェルディナント511号車。ブリャンスク地区、1943年8月。砲身には16本の黒い環（撃破したソ連戦車の数）が見える。（JM）

53：カラーチェフに向けて送られる、第653重戦車駆逐大隊のフェルディナント。1943年7月。（JM）

54：フェルディナントのドニエプロペトロフスクへの輸送。1943年8月。鉄道輸送中の乗員たちは貨車に設営されたテントで生活した。(JM)

イプなど、他の重要な部分を破壊している。機関室の温度はあまりにも高く、燃料が沸騰し始めるケースも複数あった。

上部車体

側面を貫通されるケースが認められた。上部車体と下部車体との間の気密化はきわめて不十分であるか、または全くなっていなかった。

主砲の球形防楯からは車内に細かい破片が侵入して乗員が負傷した。

戦闘室内の温度は非常に高く、信号ピストル弾薬が自然発火するケースがあった。車長や砲手によると、戦闘室床面に配置されている弾薬が加熱されると、射撃の際に過射程になる傾向がある。

ガソリンエンジン

エンジンの故障は最近特に多い。その中でも最も特徴的なのが、バルブ破損であり、その結果としてピストンやコンロッド、シリンダーヘッドの破砕につながっている。

シリンダーヘッドのひび割れやシリンダーの吹き抜けは過熱の結果であることは確かだ。

冷却装置

ラジエーターの水漏れと換気ファンの故障のために多くの作業が必要となる。ラジエーターからの漏水は主に下部接管で起きる。いくつかの車両はそれで10リッターも失った。これはあってはならないことだ。

発電機と電動モーター

発電機の最後の故障はノイジーデルで経験している。それはやはり接点のショートであった。が、それ以後は問題なく作動している。現在まで乾燥した気候であり、これらの装置が冷えきってしまうことも稀である点を強調しておかねばならない。

走行用スイッチ

これも取り上げるほどの故障の指摘はない。3両の車両で電流逆転式加減抵抗器を換装した。車両のより良い防塵対策が望まれる。

照明発電機と蓄電池

回転方向が異なる発電機は多くの深刻な問題の原因となり、まさにこれがある車両1両の損失につながった。連日、一部の車両はヒューズが飛んでしまい、つまりバッテリーが放電したままで行動し

55：行軍中のフェルディナント縦隊。シネリニコヴォ地区、1943年9月。手前の車両の戦術番号は112号。(IP)

ている。

火砲

　きわめて優れている。しかし常に修理を要する。砲身からは金属片が飛散しているが原因は不明である。砲身が破損することによってしばしば排莢ができず、ハンマーとタガネで取り出さねばならないことがある」。

　クルスク戦開始時点の赤軍はドイツ戦車産業の新製品、フェルディナントに関する情報を持っていなかった。ドイツの新型自走砲に関する最初の情報は1943年7月7日、第13軍参謀部に飛び込んできた。そして翌日には中央方面軍参謀部にこの情報が伝えられた。しかしソ連軍の報告書類の中ではフェルディナントについてはほんのわずかしか割かれていない（まったく何の記述もないときもあった）──それよりはるかに大きな関心がティーガーに注がれていたからだ。そのため、オリョール〜クルスク戦線にこの新型自走砲が出現した事実は、ソ連軍兵士にさほど大きな影響は与えていない。少なくとも2両のフェルディナントが乗員たちとともにソ連軍に鹵獲された──1両目は戦術番号333で第123狙撃兵師団の歩兵によって（このフェルディナントは射撃から逃れようとする最中に軟弱な地面で擱坐）、2両目はシャシー番号150061で履帯が破断した後に鹵獲された。

　撃破されたフェルディナントをソ連軍の専門家たちが検分できるようになったのは7月14日〜15日以降の、ドイツ軍部隊がポヌィリー駅から駆逐された後のことである。7月18日に中央方面軍機甲兵局技術指導官のツィガーノフ少佐は、フェルディナントについて最初の記述をおこなった。その中ではとりわけ次のように述べている──「フェルディナントは通常とやや異なる自走砲である。それは強力な装甲、独特なトランスミッションと走行装置を持っている」。また、兵器の戦闘、技術性能に関するかなり専門的な評価もおこなっており、例えばフェルディナントのかなり大きな接地圧も指摘している──「満足できる状態の道路での踏破性は良好であるが、軟弱な土壌、特に沼地では沈み込んでしまう。操縦性は良く、180度旋回はその場で行うことができる」。

　さらにこの文書中には、撃破、鹵獲された車両の検分結果に基づいた対フェルディナント戦闘に関する最初の助言も含まれている──

「自走砲は装甲は強力だが、多くの弱点がある。口径76mm以上の榴弾で首尾よく走行装置を破壊することが可能。履帯と転輪の破壊は自走砲を停車させる。

戦闘室の上部前面装甲板の下部（砲の左右両側）に上記の口径の榴弾が命中すれば、燃料タンク上部のハッチと燃料タンク自体を破壊でき、自走砲に火災を発生させる。
　前面を口径76㎜以下の徹甲弾や硬芯徹甲弾で射撃するのは無駄である。側面は口径45㎜以上の硬芯徹甲弾で容易に貫通される。
　履帯上部の車体側面前部に対する射撃は特に有利である。この場合燃料タンクが破壊され、車内での火災は確実である。硬芯徹甲弾射撃は自走砲の尾部、とりわけ装甲が垂直になっている下部に対して有効だ。その場合は電気モーターが破壊される。側面と尾部に対する口径76㎜以下の徹甲弾による射撃は効果がない。
　自走砲の天蓋部は、航空機から投下する成形炸薬対戦車小爆弾によって首尾よく破壊できる。この小爆弾がエンジンや燃料タンクの辺りに命中すれば、自走砲内の火災は確実である。
　自走砲を対戦車ライフルで射撃するのは非効率的だ。乗員、特に操縦手の視界を奪うためには車体鼻部の上部（視察装置）と屋上増設物の上部（88㎜砲双眼照準鏡）に対する機関銃射撃が有効である」。
　7月20日、中央方面軍に赤軍機甲総局と機甲科学試験場の専門委員会が到着し、ドイツの新型機甲兵器の検分を行った。その際にポヌィリー駅の近くの戦場に残っていた21両のフェルディナント自走砲も調査された。この検分結果に基づいて、これらの車両の損壊原因（76頁の表を参照）を付記した報告書が作成され、次の結論が導かれた――
「1．大半の車両は内部で火災が発生しており、弾薬の焼失もしくは爆発を引き起こしていた。
　2．内部火災が発生したのはきまって、地雷やフガス［そもそもは地面や水面の下に設置された爆薬でフランス語のfougasseを語源とするが、ここでは、地面に地雷として埋設された砲弾や爆弾を意味する］で爆破された車両であり、そのことはエンジン給油系統の信頼性の低さを想像させる。
　3．いくつかの車両は明らかに乗員たちによって放火されていた。なぜならば、それらの燃料系統は火災の後でさえ満足できる状態にあったからだ。
　4．砲撃によって撃破された少数の突撃砲と、鹵獲されたフェルディナント突撃砲の装甲車体を戦闘後にあらゆる口径の砲で射撃したテストは、それらの前面が無敵であることを証明し、最も強力なドイツ対戦車兵器のひとつに数えられる。
　5．フェルディナント突撃砲の欠点としては、遅速、道路外での機動性の悪さ、そして防御手段の欠如が挙げられる。このため突撃砲はKS火炎瓶で武装した歩兵の格好の獲物となっている」。

1943年の7月20日と21日、第13軍司令官の口頭命令によって、ポヌィリー駅地区で撃破されたある1両のフェルディナントに対して各種の砲による射撃試験が実施された。このために特別に設置された委員会はスクレプコフ少佐委員長の下、射撃結果に基づいて記録を作成して軍参謀部に、そしてその後に中央方面軍にも送った。これらのデータが興味深いのは、射撃が実戦用砲弾で『実際の距離から』行われたからである（試験場では通常、一定の距離から、様々な距離に対応するよう特別に計算された装薬量の弾薬でシミュレーションした射撃が行われる）。テストの結果は次の通りであった──

　「自走砲からの直接照準射撃の距離3,400m、最有効射程1,250～1,500m、最大有効射程10,900m。
　フェルディナントに対する対戦車ライフル、45㎜対戦車砲1937年型、76㎜砲ZIS-3 1942年型、76㎜連隊砲1927年型、85㎜高射砲1939年型、122㎜砲1931/1937年型、122㎜曲射砲1938年型による実践的射撃を実施。それにより以下のことを特定。
　45㎜砲、距離300m、射入角垂直、側面装甲に対して硬芯徹甲弾6発の射撃──直径22㎜の貫通弾孔2個。砲弾は細かく破砕し、機械と乗員を破壊、殺傷する。
　距離150m、硬芯徹甲弾3発の射撃──直径22㎜の貫通弾孔3個。
　距離110m、前面に対する硬芯徹甲弾6発の射撃──装甲に50～60㎜侵入し硬芯は装甲内に残留。徹甲弾は前面に対する射撃の際、深さ25～30㎜の穴を形成。
　76㎜砲ZIS-3、距離400m、側面装甲に対する3発の射撃──直径27㎜の貫通弾孔3個。破壊力は45㎜硬芯徹甲弾と同程度。徹甲弾は深さ22～30㎜、直径100㎜の破孔を形成。
　前面装甲に対する距離200mからの射撃──硬芯徹甲弾は100㎜×110㎜の破孔を形成、硬芯は装甲に残留。徹甲弾による射撃の際は37㎜×110㎜の破孔が残る。履帯への徹甲弾射撃は良い結果をもたらす──履帯の連結ピンが破砕され、履帯が破壊される。砲身の球形マウント（防楯：著者注）の隙間に対する射撃はマウントの動きを封じる。
　76㎜連隊砲1927年型、距離300m、側面装甲に対する装甲焼尽弾（成形炸薬弾：著者注）射撃は、装甲を45～50㎜ほど侵入して破孔を形成する。
　85㎜高射砲、距離800～1,200m、側面装甲に対する徹甲弾4発の射撃──幅110㎜、内径200㎜の貫通弾孔4個。砲弾は装甲を貫いて第2側壁に衝突し、［深さ］57㎜の孔を形成して砕けていた。砲弾と穿たれた装甲の破片で乗員が殺傷され、機器が破壊される。前面に対する徹甲弾射撃は深さ100㎜、直径200㎜の破孔を形成し、

同時に装甲を破壊し、上部車体前面増加装甲板を結合するボルトまでを粉砕し、また操縦装置と無線装置を破壊する。徹甲弾が履帯に1発命中すれば、それを長さ0.75mほど破壊する。

122㎜砲1931/37型、距離300～400m、榴弾9発の射撃──時限信管により側面装甲に9発命中。砲弾の衝撃により装甲の継ぎ目に沿って装甲板の全体にわたる深いひび割れを生じ、戦闘室と車体の接合板のボルトが引きちぎられた。

対戦車ライフル、距離80～100m、装甲に対する射入角直角のBS-41徹甲硬心銃弾5発の射撃──装甲を穿ち、深さ50㎜、直径20～22㎜の破孔を形成。履帯に対する射撃は、履帯のピンを破砕して履板を貫通。また視察鏡を撃ちぬき、そして楔のように砲の球形マウントの動きを封じる。

122㎜曲射砲1938年型、距離400m、側面装甲に対する榴弾射撃は何らの効果もなく、履帯に対する射撃は履板を破壊し、転輪を粉砕する。

結論
　自走砲フェルディナントはドイツ軍によって、戦車および対戦車砲との戦いに使用され、またその巨大さでもって我が軍に心理的影響を及ぼすために用いられている。この自走砲に対する最良の戦闘手段は85㎜高射砲であり、そして76㎜砲ZIS-3からの硬芯徹甲弾である。
委員会各委員署名……」。

　これらのテストの結果、1943年の8月に『ドイツ自走砲フェルディナント型の弱点と対戦方法』という手引書が作成され、かなり大量に発行された。そして、どうもこれが、文書類や様々な回顧録の中で1943年の夏から終戦まで独ソ戦線全域でこの兵器が登場する原因の一つにもなったようだ。赤軍部隊の中では、戦闘室が車体後部に位置するドイツ自走砲（マルダー、ナースホルン、フンメル、それにヴェスペまでも）がすべて、お決まりのように"フェルディナント"と受け止められ、前線にしばしば姿を現すことになっていく。本物のフェルディナントを目にしたことのある将兵は少なかったが、対戦方法の手引書はあったため、これに似た敵の戦闘車両は何でもフェルディナントに思われたのであろう。

　1945年の夏、ソ連戦車工業人民委員がドイツの戦時中の機甲兵器生産に関する資料に目を通した。それに基づいて報告書が作成されたが、そこには次のような一節がある──「フェルディナント突撃砲は全部で90両生産されたことが判明した。したがって、これらの車両の大量生産に関するデータは誤りであった」。

ポヌィリー駅〜5月1日国営農場地区にドイツ軍部隊が遺棄した突撃砲フェルディナントの損壊状態

整理番号	自走砲番号	損壊状態	損壊原因	注
1	731	覆帯大破	地雷により爆破	修理後、モスクワの戦利兵器展に発送
2	522	覆帯大破、転輪損壊	フガス地雷で爆破、燃料が発火	車両全焼
3	523	覆帯大破、転輪損壊	フガス地雷で爆破、乗員が放火	車両全焼
4	734	覆帯下部大破	フガス地雷で爆破、燃料が発火	車両全焼
5	II-02	右覆帯断絶、複数の転輪大破	地雷で爆破、火炎瓶で放火	車両全焼
6	I-02	左覆帯断絶、転輪大破	地雷で爆破、放火	車両全焼
7	514	覆帯大破、転輪大破	地雷で爆破、放火	車両全焼
8	502	誘導輪脱落	フガス地雷で爆破	射撃耐性テストに提供
9	501	覆帯断絶	地雷で爆破	修理後NIBT試射場に送致
10	712	右起動輪大破	砲弾命中	乗員が遺棄、火災は消火
11	732	第3揺動台車大破	砲弾命中、火炎瓶で放火	車両全焼
12	524	覆帯大破	地雷で爆破、放火	車両全焼
13	II-03	覆帯大破	砲弾命中、火炎瓶で放火	車両全焼
14	113または713	左右誘導輪大破	砲弾命中、主砲放火	車両全焼
15	601	右覆帯大破	砲弾命中、主砲外側から放火	車両全焼
16	701	車両戦闘室大破	203mm砲弾が車長ハッチに命中し戦闘室で爆発	車両大破
17	602	車体左側面燃料タンク付近に貫通弾孔	76mm戦車砲弾または師団砲弾命中	車両全焼
18	II-01	主砲全焼	火炎瓶で放火	車両全焼
19	150061＊	誘導輪と覆帯大破、主砲被弾	走行装置と主砲への砲弾命中	乗員は捕虜に捕獲
20	723	覆帯大破、主砲の問え	走行装置と防楯への砲弾命中	射撃耐性テスト実施
21	不明	全壊	航空爆弾直撃	―

＊シャシー番号

第5章
ニーコポリ橋頭堡にて
НА НИКОПОЛЬСКОМ ПЛАЦДАРМЕ

　1943年8月の後半、第656戦車連隊は前線から外された。このとき編成内に残っていた50両のフェルディナントは第653大隊に引き渡された。また大損害を出していた第654大隊の兵員はパンター戦車用の再教育のためにオルレアンに送られた。

　8月26日、第656連隊は前線からドニエプロペトロフスクに駐屯地を移し、そこで車両の補修に着手するよう命じられた。新しい任地に9月1日までに到着した連隊の隷下部隊は市内の工場で戦闘車両の整備作業を始めた。この作業にはアルケット社とジーメンス社の検査官が動員された。

　最初の15両のフェルディナントの修理はかなり迅速に済み、大急ぎで前線に送りだされた。1943年秋の第653大隊で戦闘能力を保持する車両の数は、次の表から分かる。

1943年秋の第653重戦車駆逐大隊の可動車両

日付	保有車両	可動車両	補修中車両
8月20日	50	12	38
9月1日	50	10	40
9月18日	50	8	42
9月30日	49	20	29
11月1日	48	9	39
11月30日	42	7	35
12月3日	42	4	38

　大隊には11月1日時点でフェルディナントのほかに、Ⅲ号戦車をベースにした弾薬運搬車5両、ベルゲパンター2両、ベルゲフェルディナント3両があった。ベルゲフェルディナントは1943年の8月に製造、9月に前線に到着したものである。

　1943年9月18日、第656連隊長は連隊の状態について報告を発送した——

　「ブリャンスクからドニエプロペトロフスクへの連隊移動は極めて遅々としていた。ドニエプロペトロフスクの修理施設の過剰負荷のため、補修作業は当初より遅れが出た。その後大隊は鉄鋼場内に、大隊の必要のために大きな作業所を設けた。到着と同時に、混成戦

56

56：ザポロージエ橋頭堡でのフェルディナントと乗員。1943年9月。戦闘室前面装甲板の右手には第653大隊の新しい部隊章が見える。（KM）

闘団を編成し、前線に送り出すよう命令を受領した。

　我々は持てる力をすべて投入して、7日間で15両のフェルディナントと25両の突撃戦車を修理した。修理要員はこれに全力を注ぎ、一日に12時間働いた。車両の改造はされなかったが、新しい履帯やエンジンなどを受け取った。この迅速な補修の結果は最初の行軍のときに現れた。3両のフェルディナントと2両の突撃戦車が路上で壊れたのである。そのため戦闘団は2個に分割され、1個はシネリニコヴォに、もう1個はパヴログラードに進んだ。

　シネリニコヴォへの接近に際して、パヴログラードへの鉄道は敵によって遮断されていることが判明した。その結果、貨車から4両のフェルディナントと12両の突撃戦車を降車し、随伴していた歩兵大隊の支援の下で戦いながらシネリニコヴォに辿り着かねばならなくなった。

　40kmにおよぶ行軍の中で装甲車1両を撃破し、7.62cm対戦車砲5門を捕獲した。8両のフェルディナントはすべて目的地に辿り着いたものの、3両の突撃戦車が失われていた」。

　ドニエプロペトロフスクにあったフェルディナントのうち、緊急修理作業が始まったのは14両だけであった。予備部品が極度に不足していたためである。連隊長は何度も必要な部品や機材を送るよう要請していたが、それが適時行われることはなかった。連隊の整備部隊は、一部の車両を分解して他の車両を戦闘可能な状態にすることを許可する旨の、より上部からの命令さえ受け取った。もちろん、このような措置が許されたのは、例えば前線が赤軍部隊によって突破される危険性が出てきた場合などの極端なケースではあったが。

　1943年の9月半ばには、前線がやがてドニエプロペトロフスクに接近することが明らかとなった。それに伴い、第656連隊本部は補修部隊の同市内からの避難措置を講じるよう指示を受け取った。司令部からの命令によると、戦闘可能なフェルディナントとブルムベアからなる戦闘団はザポロージエの橋頭堡（ドニエプル河左岸：著者注）に進み、橋頭堡を第XVII軍団の手でいかなる代償を払ってでも冬季の間持ちこたえなければならなかった。連隊の残りの車両はOKH（陸軍総司令部）の予備に移り、態勢を整えることになった。

　1943年9月18日、第656戦車連隊長はOKHに準備作業と車両の状態に関する報告を送った——

「保有する42両の駆逐戦車フェルディナント（8両のフェルディナントが使用中）の輸送が困難を引き起こしており、それらのための鉄道貨車にも問題がある。それゆえ予めドニエプロペトロフスク～ザポロージエ間の田舎道の偵察が実施され、工兵部隊と橋梁強化の措置を調整。ドニエプロペトロフスクが敵に奪取された場合、この

道路を使ってフェルディナントを回収、避難させ、そしてザポロージエからニーコポリへ鉄道輸送することができる。

　このような事態の展開においては、様々な予防措置を講じる必要がある——例えば、予備部品の避難回収は前もって行わなければならない。それは、ここにある鉄道が多くの部隊によって使用され、鉄道の負荷が極度に過重になっているからだ。したがって、この非常に貴重な資材を回収するための鉄道車両が、必要な時に充分な数に満たないという可能性も否定できない。

　そのため、西ザポロージエの鉄道沿線の倉庫を偵察したのである。こうして、連隊が保有する非常に貴重な兵器をここに移す可能性が確保され、必要ならばさらに補修作業場に輓馬や鉄道で移動させることもできる。

　一言で言えば、ドニエプロペトロフスクが敵の砲撃地区に陥った場合、電光石火のごとくこの場所から連隊隷下部隊を撤収させることが可能なように、予め措置が講じられている。

　一方、ドニエプル河の東岸にあるザポロージエ橋頭堡（ドニエプル水力発電所のそば）には連隊本部と両大隊のための指揮所が設置される。後方部隊と補修部隊の配置には河の西岸が利用される。

　最終的な地勢偵察は9月19日の夕方に終了する予定であり、その時までにOKHが、ザポロージエ橋頭堡で冬季の間連隊が運用されるのか否かについて決定を下すことを期待せねばならない。その場合、戦闘団を除く基幹部隊の移動は可及的速やかに実行され、戦闘団の兵器の集結も確実となるだろう。これらの措置はすべて、南方軍集団と第1戦車軍の司令部との緊密な連携の下で実行される。

　連隊の橋頭堡への配置は、前線から5〜8kmの距離に中隊を展開するように行う。このような配置にすれば、危険な戦区に連隊の部隊を素早く投入することができる。

　これからの数週間、数ヶ月間は第656戦車連隊本部の指揮下にある各戦闘団は、兵器の一部が修理中であるため編成内容がまちまちになる点を指摘しておかざるを得ない。

　最初に補修された15両のフェルディナントも、その次の14両も戦闘可能な状態にあるが、それでもなお、これらの車両は改良される必要がある。同じことは突撃戦車についても言える。

　兵器をめぐる状況は次の通りである——

　戦闘団は完全な臨戦態勢にあるフェルディナント8両と、突撃戦車14両を保有。突撃戦車の大半は、主に機械的原因による故障で戦闘可能な状態にはない。

　ドニエプロペトロフスクには42両のフェルディナントがあり、そのうちの7両は3〜4日後、そして6〜7日後にはさらに14両が緊急補修を受ける。残りの車両はすべて、長期補修のため待機して

カラーイラスト

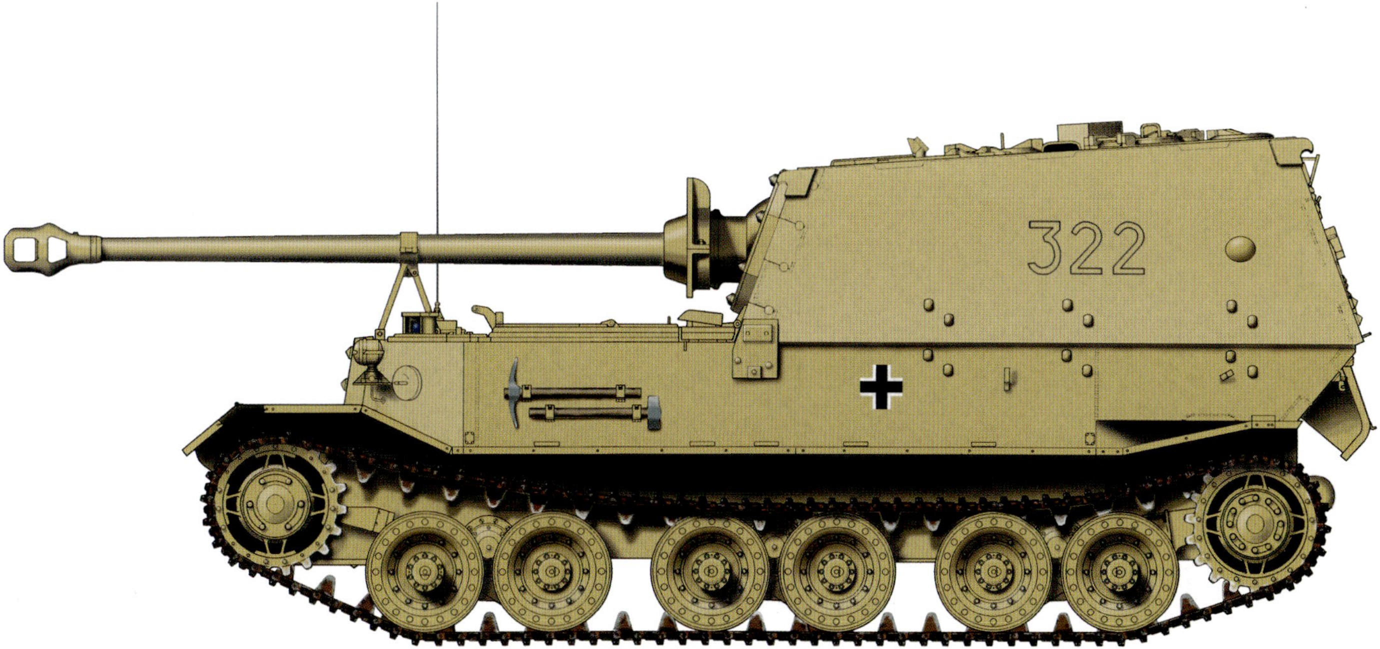

ダークイエローの工場塗装で配備された、第653重戦車駆逐大隊第3中隊所属のフェルディナント、322号車。1943年5月。（S・イグナーチエフ画）

第653重戦車駆逐大隊第3中隊所属のフェルディナント。1943年7月。幅の広いグリーンの帯状迷彩で、車体に戦術番号はない。(S・イグナーチエフ画)

82

第654重戦車駆逐大隊第6中隊所属のフェルディナント、601号車。1943年7月。"網目"迷彩を施され、車体の番号は黒である。(S・イグヴァーチェフ画)

83

第653重戦車駆逐大隊第1中隊所属のフェルディナント、113号車。1943年7月。本車はベースの黄色に緑色のまだら模様の迷彩が施されている。(S・イヴァーチェフ画)

第653重戦車駆逐大隊第2中隊所属のフェルディナント、231号車。1943年7月、クルスク戦で三色迷彩を確認された唯一のフェルディナントである。(S・イグナーチェフ画)

85

第653重戦車駆逐大隊第3中隊所属のフェルディナント、333号車。1943年7月。本車は1943年7月に赤軍第129狙撃兵師団によって鹵獲され、乗員共々捕獲された。(S・イグナーチェフ画)［車体側面の黒十字章にはX印が付けられた。さらに白字で『ドイツ自走砲"フェルディナント"を第129オリョール師団の戦士たちにより乗員もろとも鹵獲』と書かれている。第129狙撃兵師団はオリョール攻防戦においてこの地名を名部隊名に冠する事功著しく、この地名を名部隊名に冠することとなった］

第614独立重戦車駆逐中隊所属のエレファント。ツォッセン地区、1945年4月。(S・イグナーチエフ画)

第614独立重戦車駆逐中隊所属のエレファント。ツォッセン地区、1945年4月。三色迷彩を施され、前部と尾部の装甲板には第653重戦車駆逐大隊の部隊章が見える。（A・アクショーノフ画）

クルスク戦の経験に基づいて1943年に発行された解説書
『ドイツ自走砲フェルディナント型の弱点と対戦方法』の一部

（左頁）：
砲兵、戦車兵、対戦車ライフル兵よ！
ファシストドイツの自走砲フェルディナントを思いきり近くまで通せ。冷静に狙いを定め、弱点と思しき場所を叩け。［以上、原書赤字部分］
戦車兵のA・エローヒン中尉はフェルディナント自走砲を6両破壊した。［以上、肖像画横］
同志エローヒンは大胆かつ果敢なる機動でもって待ち伏せ場所と掩体からフェルディナントの側面のエンジンと燃料タンクを500〜1,000mの距離から射撃した。［以上、頁の下部］

（右頁）：
ドイツの占領者たちに死を！［以上、頁の上部下線箇所］
ドイツ自走砲フェルディナント型の弱点と対戦方法［以上、イラストにまたがる文字］
ソ連邦国防人民委員会軍事出版部　モスクワ1943年発行［以上、頁下部欄外］

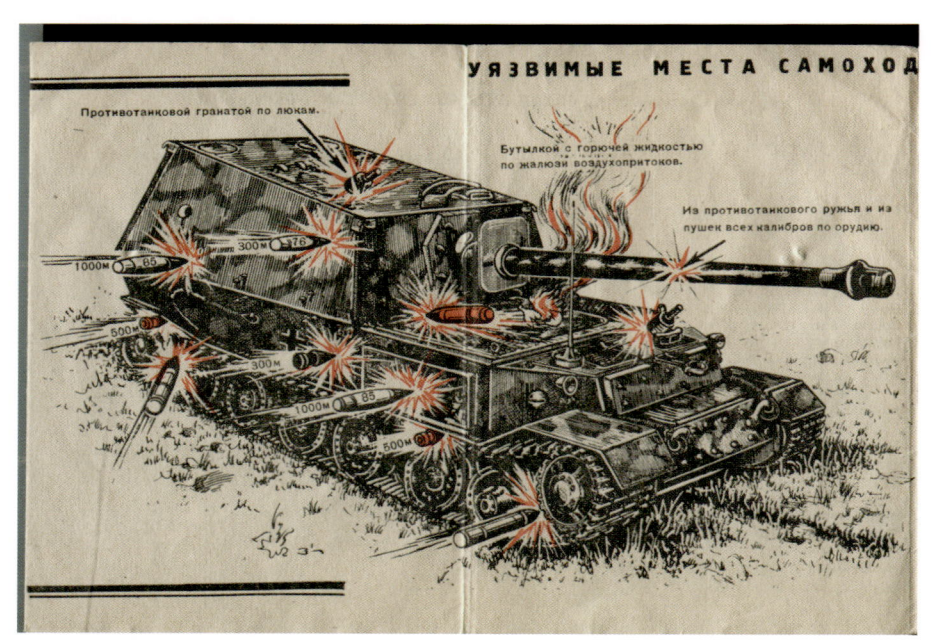

クルスク戦の経験に基づいて1943年に発行された解説書
『ドイツ自走砲フェルディナント型の弱点と対戦方法』の一部

フェルディナント自走砲の弱点［標題］
ハッチに対する対戦車榴弾射撃
吸気孔サッシに対する火炎瓶攻撃
火器に対する対戦車ライフル及び各種口径砲による射撃
［以上、左から右に記された解説ポイント］

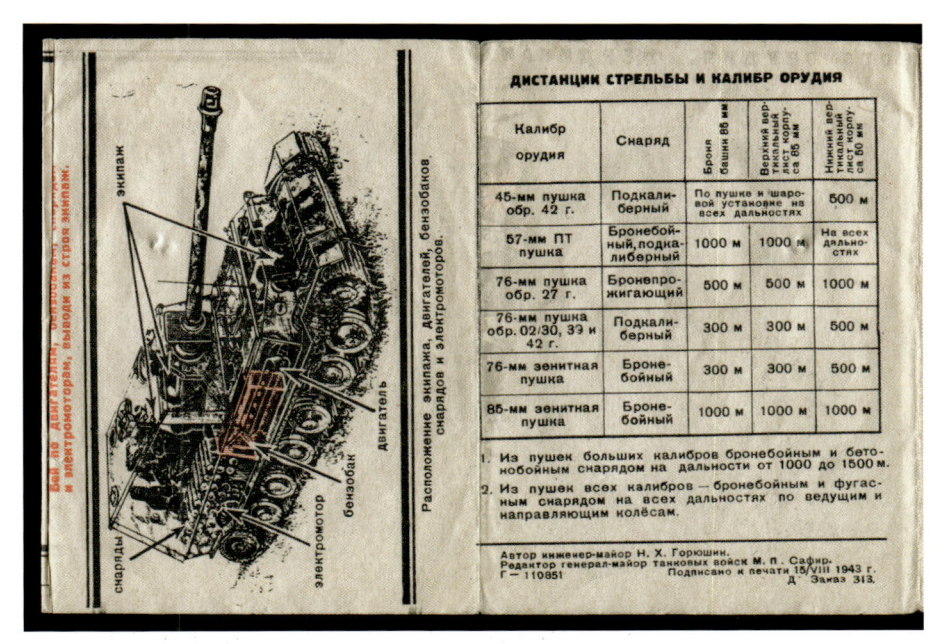

クルスク戦の経験に基づいて1943年に発行された解説書
『ドイツ自走砲フェルディナント型の弱点と対戦方法』の一部

（左頁）：
エンジン、燃料タンク、砲弾、電気モーターを撃ち、乗員を戦闘不能にせよ。［以上、赤字部分］
砲弾［イラスト正位置に対して上左］
乗員［同じく上右］
電気モーター［同じく下左］
燃料タンク［同じく下中］
エンジン［同じく下右］
乗員、エンジン、燃料タンク、砲弾、電気モーターの位置［以上、欄外］

（右頁）
火器の射程と口径　［標題］

口径	砲弾	砲塔装甲 85mm	車体上部 垂直装甲板 85mm	車体下部 垂直装甲板 50mm
45mm砲 42年型	硬心徹甲弾	あらゆる距離からの砲及び球形マウントに対して	500m	
57mm 対戦車砲	徹甲弾、硬心徹甲弾	1,000m	1,000m	あらゆる距離
76mm砲 27年型	装甲焼夷弾	500m	500m	1,000m
76mm砲 02/30年、33年、42年型	硬心徹甲弾	300m	300m	500m
76mm 高射砲	徹甲弾	300m	300m	500m
85mm 高射砲	徹甲弾	1,000m	1,000m	1,000m ［以上、表内］

1. 大口径砲による徹甲弾並びにセメント破壊弾射撃の射程は1,000m乃至1,500m
2. 起動輪及び転輪に対してはあらゆる射程から全種口径砲により射撃　［以上、表外の注記］

作成者　N・Kh・ゴリューシン技術少佐
編集者　M・P・サフィール戦車軍少将
G-110851　印刷許可1943年8月15日
D　発注番号313　［以上、頁欄外］

91

クルスク戦の経験に基づいて1943年に発行された解説書
『ドイツ自走砲フェルディナント型の弱点と対戦方法』の一部

目に付いたハッチの視察装置に火炎瓶を投擲せよ
開閉式ハッチに手榴弾を投擲せよ［以上、解説ポイントの右と左］
凡例：
45mm砲射撃
76mm砲射撃
砲弾上の数字は砲の口径を示す
各種口径砲による徹甲弾及び榴弾射撃
各種口径砲による榴弾射撃［以上、頁右下部分、降順］

1943年7月の第653重戦車駆逐大隊隷下フェルディナントの主な車両識別マーキング（A・アクショーノフ画）

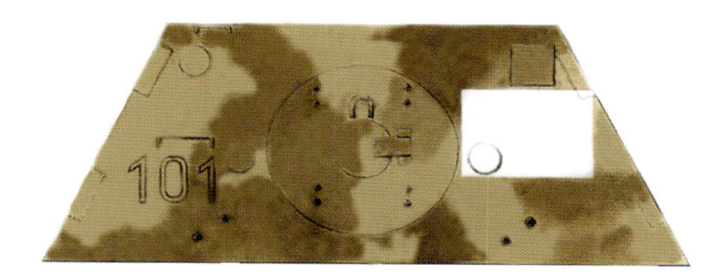

第1中隊（フェルディナント101号車）

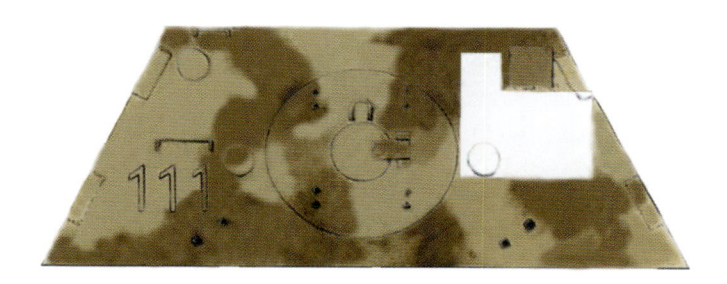

第1中隊（フェルディナント111号車）

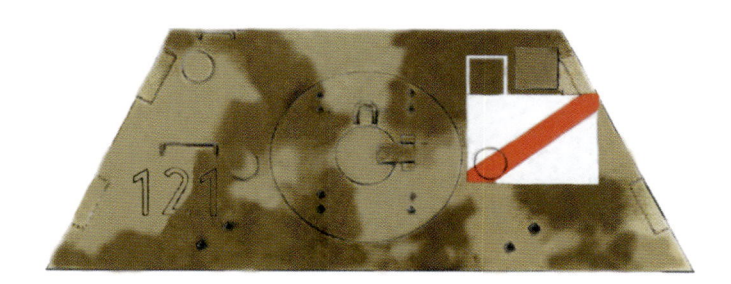

第1中隊（フェルディナント121号車）

1943年7月の第653重戦車駆逐大隊隷下フェルディナントの主な車両識別マーキング（A・アクショーノフ画）

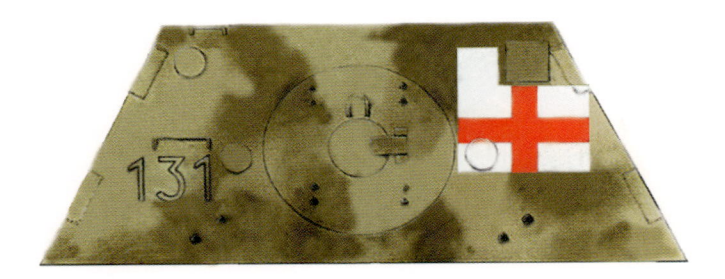

第1中隊（フェルディナント131号車）

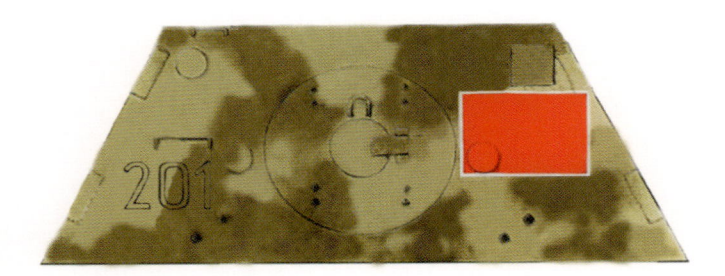

第2中隊（フェルディナント201号車）

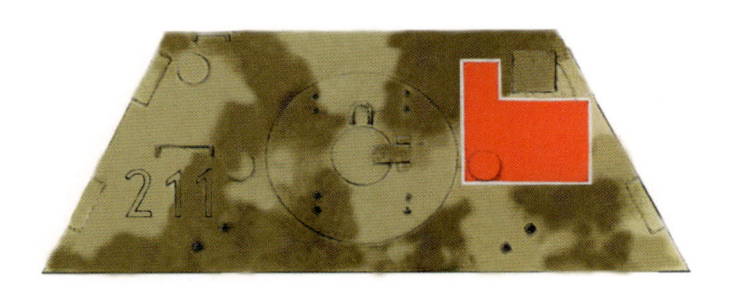

第2中隊（フェルディナント211号車）

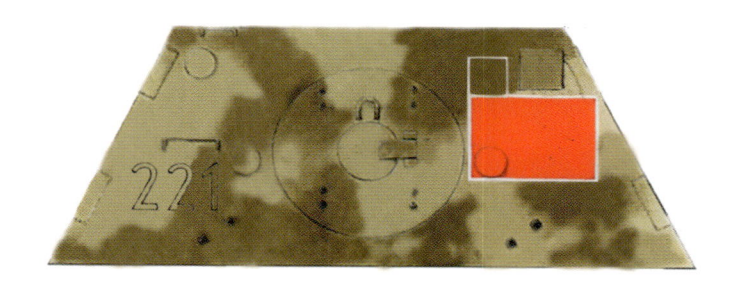

第2中隊（フェルディナント221号車）

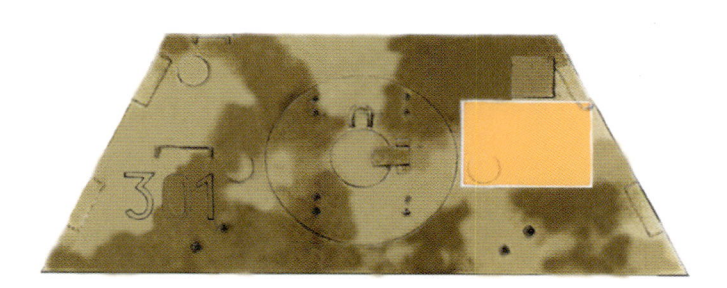

第3中隊（フェルディナント301号車）

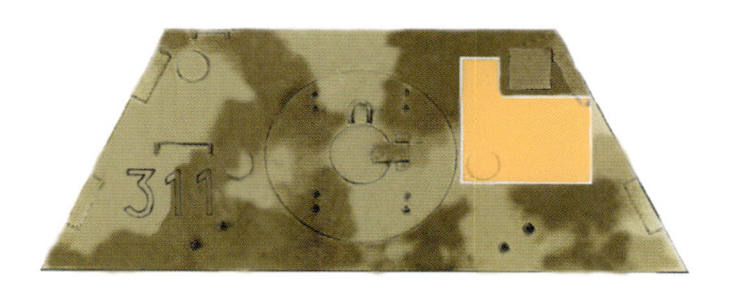

第3中隊（フェルディナント311号車）

第653重戦車駆逐大隊の中隊章
（A・アクショーノフ画）

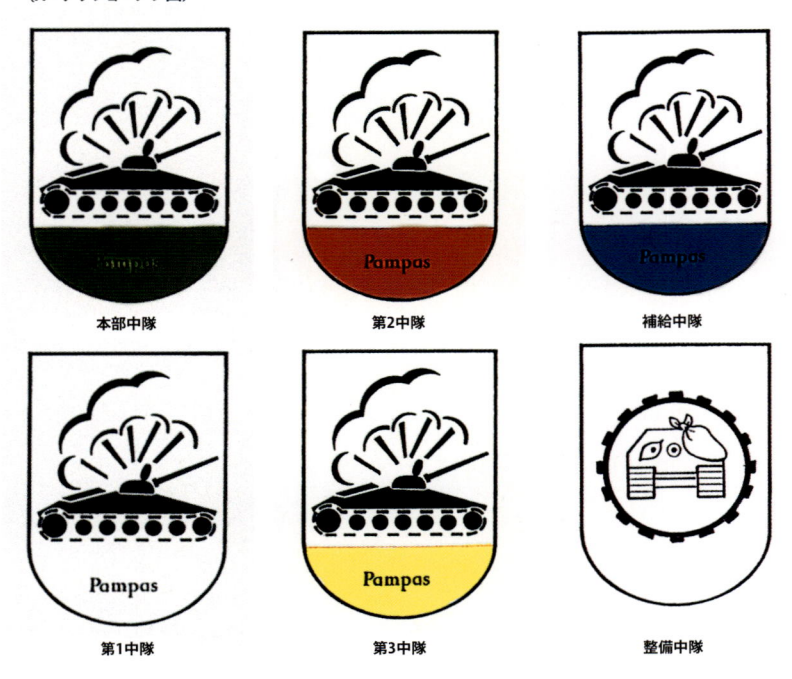

本部中隊	第2中隊	補給中隊
第1中隊	第3中隊	整備中隊

1944年春に第653重戦車駆逐大隊に導入された部隊章（A・アクショーノフ画）

本部中隊	第2中隊	第3中隊

動かずにいるが、そのための予備部品はない。

　10両の突撃戦車がおそらく9月20日から21日までに迅速補修を完了するであろう。残りの戦車はすべて、砲の大きな消耗と損傷のため、長期補修を必要としている。

　連隊の意図――

　フェルディナント駆逐戦車7両と突撃戦車10両からなる戦闘団をザポロージエ橋頭堡のために大至急編成し、そしてニーコポリに補修基地を建設した後に戦闘団をドニエプロペトロフスクから後方に届ける。

　自走砲フェルディナント10両の修理を実施した後、ザポロージエ橋頭堡に送り出し、そして突撃戦車10両の修理を始める」。

　1943年9月20日から24日にかけてフェルディナントとブルムベアの修理に適した企業をクリヴォイ・ローグかキロヴォグラードで探し出そうとして、そこへ第656連隊の整備部隊の出張者たちが向かった。しかし、そこには修理に適した場所がまったく見つからなかった――修理に使うことのできるような工場施設はすべて一杯の状態だった。この後、ドニエプロペトロフスク企業組合の提案でニーコポリの工場が調査され、そこにふさわしい場所が見つかった。これはルフトヴァッフェの修理部隊が使っていた場所であった。

　1943年9月27日、第656戦車連隊長は陸軍総司令部に宛てて自分の部隊の状態について定例の報告を送った――

「OKHから1943年09月19日付で全連隊は南方軍集団の指揮下に入るべしとの連絡を受領した後、南方軍集団は連隊を第1戦車軍の隷下部隊とし、また第1戦車軍は連隊の可動車両を橋頭堡に移駐させる命令を発した。そして残る車両は修理に送られることとなった。

　ザポロージエ橋頭堡はヘンリツィ集団（第40戦車軍団）が占めている。意見交換の結果、有用な車両はすべて機動予備として橋頭堡で使用する必要があるとの認識に至った。

　『北部』、『南部』の2個戦闘団をそれぞれB少佐、K少佐の指揮下で編成することを想定。各々12両～14両のフェルディナントと10両～12両の突撃戦車を受領。さらに少数のフェルディナントは、郊外の街道につながる市内（ザポロージエ：著者注）の主要道路と街路に配置される。両戦闘団のフェルディナントは、敵の攻撃方面において機動対戦車防御を行うために使用される。幹線道路で使用される自走砲については、機械的状態について厳しい要求は出されないであろう。それらは最後の予備兵力、最後の防衛線と位置づけられる。

　両戦闘団には明確な戦区があり、そこに配置される。必要があれば、片方の戦闘団がもう片方の戦闘団の戦区で使用されることもありうる。

57：戦闘の合間のフェルディナント乗員たち。第653大隊第1中隊、ザポロージエ橋頭堡、1943年9月。88㎜砲の弾薬の大きさに注目。（JM）

　このような機動対戦車防御の仕組みは、橋頭堡で行動する各部隊に対する重要な支援となるはずである。
　両戦闘団は連隊司令部と集団に直属し、さらに連隊本部は橋頭堡における全体的な対戦車防御を指揮する。

修理作業
　自走砲フェルディナントの最終的な修理作業を行うために、ルフトヴァッフェとの長い協議の末、ニーコポリに工場の作業場をいくつか手に入れることができた。そこでは当然、いくらかの改修を行い、作業員を分宿させるための場所を設けねばならない。これを最も迅速に遂行すべく、小官は現場でトート機関の人員を得た。ドニエプロペトロフスクではすべての作業が停止しており、フェルディナントの搬出は鉄道の極度の混雑によって遅滞しているため、ニーコポリ作業場の整備には修理中隊も動員されたのである。その結果、最初のフェルディナントの一団が到着してすぐにそれらの修理を始めることが可能となり、修理作業が例えば10月1日にも開始されることを期待している。
　修理は完全編成1個中隊ごとに実行されることを想定している。その車両に必要な作業をすべて実施した後に、前線から到着する別の中隊と交替する。こうしてフェルディナント大隊全体の修理が遂

行される一方で、橋頭堡への投入には何らの脅威もないであろう。
　連隊は、予備部品とフェルディナント自走砲に必要な設備をニーコポリに送るためにあらゆる手段を講じて欲しい旨を要請している。
　このような作業環境であれば次のことが達成されるであろう――
連隊の3分の2が戦闘に使用可能；
連隊の3分の1には入念な大修理が可能；
橋頭堡での戦闘運用は大きな損害を出さずに済む。
　先の戦闘ではT-34型の戦車を2両撃破し、3門の対戦車砲を破壊することに成功した。
　機甲兵器に関する正確な状況は、それらが完全に集結した後に報告する。なぜならば、車両の大半は鉄道で移送され、また一部は行軍、移動中であるため、それらの状態に関する完全な情報を提供することが不可能だからである。
　現在11両のフェルディナント自走砲と3両のブルムベアが橋頭堡に出動中である。
署名　v・ユンゲンフェルト。

　1943年10月初頭のフェルディナントの状態は危機的であった――40両に上る車両が修理中だったのである。10月13日に最後のフェルディナントがドニエプル水力発電所のダムを伝って橋頭堡からドニエプル河の西岸に移った。このとき連隊は、ニーコポリ～クリヴォイ・ローグ地区の第1戦車軍部隊を支援する任務を受領した。
　ここで、1943年10月16日付で機甲兵総監に送られた、第16戦車師団とフェルディナント自走砲、ブルムベア突撃戦車との連携行動に関する第16戦車師団長の報告書が興味深いので紹介したい――

「歩兵が自走砲フェルディナントとともに首尾よい働きをするためには、この非常に重量のある車両のいくつかの特性について明確な認識を持っていることが必要である。
　フェルディナント駆逐戦車は70トンの重量がある。それゆえ戦場ではティーガー戦車よりも鈍重である。目標への接近や出撃陣地の占拠は攻撃時と同様に、ティーガー戦車を運用する場合よりも入念な探索確認が求められる。
　駆逐戦車の並外れた重量は細かな修理を困難にしている。例えば、履帯交換には、車両を持ち上げるために重ウインチを用いなければならない。そのため車両の修理は戦場や敵の砲撃下では実質的に不可能である。
　フェルディナントが故障した場合、一連の問題が発生する。もしこれが、敵が占める戦場だったり、強力な砲撃下にある地区であれ

ば、大抵の場合車両は回収不可能なために爆破せざるを得ない。クルスク戦では、戦場で損傷したり、敵の大規模な砲撃によって歩兵から分断されたフェルディナントの多くが、このような形で失われた。

　そして、フェルディナントのエンジンは車両全体の大重量ゆえに、ほんのわずかな距離の移動しか持ちこたえられない。当時戦闘行動地区においてはフェルディナントに対する運用要求はより厳しかったため、その結果として動力装置に問題が発生していた。

　フェルディナントが兵装として持っているのは砲だけであり、機関銃も2cm砲も持っていないため戦場では敵の歩兵を前にしては無力である。

　砲は固定戦闘室に配置されている。それゆえ、車両が右方または左方に射撃をしようとすれば、車両全体をまず旋回しなければならないが、その動作が鈍いために多くの時間を必要とする。約200mにもなる大きな死角は、このような態勢では数多の不愉快な問題をもたらす。このため、フェルディナントは単独で敵を攻撃するには不適である。

　フェルディナントは巨大な車体を持っており、車両が戦場に姿を見せるや否や、あらゆる方向から敵の射撃の的となる。結果的に駆逐戦車は歩兵との協同攻撃に使用することが不可能となる。歩兵も射撃下に入ってしまい、多大な損害を出すことになるからだ。

　他方、フェルディナントは次の長所を有する——

　A）装甲防御がとても堅固で、敵の射撃も車両を少ししか傷つけられない。ザポロージエ橋頭堡での戦闘では1両のフェルディナントも離脱しなかった。しかし他方では、単独であまりにも深く敵陣に入り込みすぎたある車両が、ロシア軍の歩兵によって爆破された。

　B）フェルディナントは信じられないほどの射撃威力を持つ砲を有する。それは最も遠い距離からT-34またはKV-1のいかなる戦車をも撃破する。

　C）近接戦闘での直接照準射撃に大きな破壊力を持つ15cm砲弾を使用する突撃戦車とともに行動すれば、フェルディナント、突撃戦車の両方で非常に強力な火力を形成することが可能である。

　フェルディナントと突撃戦車のこうした長所と短所をよく考慮すれば、それらの歩兵との協同行動について次のような結論を導くことができよう——

　フェルディナントと突撃戦車は歩兵随伴車両ではない。それらは攻撃歩兵とは別に行動をし、そして長距離から射撃を行い、敵の火器と戦車を破壊すべきである。フェルディナントへの歩兵の跨乗は有害であり、たいていの場合大きな損害に終わる。

　敵を攻撃する際には、フェルディナントは機動的な火力を持つⅢ

号戦車とIV号戦車で随伴させれば、敵歩兵の駆逐戦車への接近を阻むことができる。

　歩兵は、驚くほど強力な火力のフェルディナントと突撃戦車の支援の下で首尾よく前進すれば、攻撃の成功に自信を持つことができる。とはいえ、入念な偵察を行い、そして攻撃開始前に歩兵とフェルディナント車長たちが行動地区および対峙する敵兵力を検討することが成功の前提条件である。

　フェルディナントと突撃戦車の協同行動に関するこれらの指針が短時日のうちに将校、とりわけ大隊及び連隊の指揮官たちの周知するところとなることを、小官は期待している。フェルディナントと突撃戦車は、ドイツ軍が保有する最強、最良の攻撃兵器である。これらを然るべく練達して運用すれば、歩兵の攻撃に成功をもたらし、その損害を抑えることになろう」。

　1943年10月17日から同11月2日にかけてフェルディナントは戦闘に積極的に使用され、第XXIIおよび第XXX軍団を支援した。このとき『北部』、『南部』両戦闘団は一つの戦区から別の戦区へと60～80kmもの距離を頻繁に移動せねばならず、当然のことながらそれは兵器の状態に影響しないはずはなかった。このため、橋頭堡のフェルディナントの数は4両～20両の間で変化していた。第656

58：街路を走るフェルディナントの縦隊。前方には第653大隊第1中隊所属123号車の車両識別マークがはっきり見える。（RGAKFD）

59

59：ドニエプロペトロフスクのある工場でのフェルディナントの修理作業。1943年9月。（JM）

　戦車連隊の修理部隊はほとんど24時間態勢で働き、より多くの車両が可動するように努めた。
　1943年10月25日、修理が済んだばかりの14両のフェルディナントが大急ぎでクリヴォイ・ローグ近郊の第LVII戦車軍団に送り込まれた。同軍団はソ連第3ウクライナ方面軍第5親衛戦車軍の進撃部隊に対する反撃を発起していた。3日間の戦闘でソ連軍の進撃は食い止められ、フェルディナントの乗員たちは21両の戦車と34門の火砲の撃破を報告した。これと同じ頃、さらに4両ずつのフェルディナントが第XXX軍団と第XVII軍団の中で行動していた。

　1943年11月5日現在、諸部隊に残っていたフェルディナントは10両で、さらに14両が修理を終えつつあった。連隊司令部の連絡によると、この時点で兵器は極限の消耗レベルにあり、それに関する文書が作成されていた――
　「現時点の主な損傷［箇所］は、ガソリンエンジン、履帯、走行装置である。

エンジン
　ガソリンエンジンの寿命は800㎞である。現在までにエンジンはその寿命が尽き、交換あるいは修理されねばならない。9月の半ば

60：第653重戦車駆逐大隊第3中隊のフェルディナント。ニーコポリ地区、1943年10月。(RGAKFD)

に取り付けられた新しいエンジンは500〜700kmを走破しており、それは連隊がフェルディナント48両分として90基のエンジンを大至急必要としていることを意味する。そうでなければすべての車両が使用不能になろう。これは、現在の帝国におけるエンジン事情からして不可能であると思われるため、エンジンの修理は現場で自ら行われなければならない。前線での行軍が長く、それに伴い修理復旧部隊の移動も長いため、エンジンについて別の解決法はありえないと思われる。

履帯と走行装置
　最近届いた履帯は劣悪な状態にある。履板にひびが入っているのは当たり前である。40〜50kmの行軍で1本の履帯に11〜14箇所の損傷があるのも稀ではない。まったく新品の履帯が11月に約束されている。それは極めて不可欠のものである。
　敵を攻撃する際の履帯の損傷はフェルディナントの損失につながりうる。
　欠陥のある履帯も走行装置に対する脅威である。しばしば履帯の損傷が原因で転輪も破損したからだ。
　最近の敵は走行装置ばかりを狙って射撃してきている。それはフェルディナントの装甲防御には敵わないからだ。こうしたことから、

これらの部品に対する大きな需要が激増しているのである。例えば、修理中の15両のフェルディナントのうち10両は走行装置に損傷を負っている。

　現在、いくらかの予備部品が当地に向かいつつあり、それらは近日中に連隊に到着するであろう。鉄道輸送は今後、困難の度を増すであろう。

　エンジンに関する極めて深刻な問題にまだ触れていない。その解決は、連隊が独力で修理作業を行えるようにエンジン部品と必要な工具が遅滞なく提供されることによってのみ可能となろう」。

　1943年11月29日、連隊は南方軍集団の編制からオーストリアに移駐し、ニーベルンゲンヴェルケ工場で兵器の修理と改良をすべし、との命令を受領した。このときまでに各フェルディナントはオリョール郊外での戦闘に突入して以来2,000kmを走破していた。ドニエプロペトロフスク、ザポロージエ、ニーコポリ、クリヴォイ・ログでの戦闘活動の間に4両のフェルディナントが失われ、しかもそのうちの2両はエンジンの故障で全焼したものである。この間に第653大隊はソ連戦車80両、自走砲3両、装甲車3両、各種砲116門の撃破を報告した。

61：ニーコポリのある工場で行われているフェルディナントの分解整備。1943年10月。取り外した戦闘室がポータル・クレーンで積み上げられている。（JM）

第6章

フェルディナントだと？　いいや、エレファントだ!
« ФЕРДИНАНД » ?　НЕТ, « ЭЛЕФАНТ » !

　すでに1943年9月1日に第656戦車連隊は陸軍兵器局に、フェルディナントの実戦運用経験に基づく設計上の変更必要箇所のリスト（全31項目）を送っていた。その中にはとりわけ、近接戦に不可欠と判明した機関銃を戦闘室前面装甲板の砲の横に取り付ける提案が含まれている。しかも連隊司令部は書簡の最後にこう伝えている──「もし必要な補修部品と材料が連隊の管理下に提供されるのであれば、我々は自ら前線地域の作業場で必要な改修を施すことができる」。さらに、戦列に残っている50両のフェルディナントの改良作業に全部で6週間を要するとも伝えられていた。しかし、この提案に対する回答が届いたのは2ヵ月後のことであり、しかもフェルディナントをオーストリアのリンツ市に送って、工場内で修理すべしとの命令であった。1943年11月29日に届いた命令をすぐに実行することはできなかった。ソ連軍の攻勢が始まり、第656連隊は一部の車両が輸送の準備をしていた一方で、別の一部はようやく撤収のための集結をしているところだったので、隊列が長距離に亘って引き延ばされてしまっていたからだ。1943年12月10日にはクレグマー少尉を長とする戦闘団が編成され、そこには機械面の状態が最も良好な車両がすべて含まれた。戦闘団は前線に進められたが、戦闘には参加しなかった。クレグマー少尉の部隊は12月25日まで戦区にいて後方に戻された。

　第656連隊の列車への積み込みとオーストリアへの移送は1943年12月16日に始まり、新年の1944年1月1日に完了した。帝国には全部で21本の列車が送り出された。積載作業にこれほどの時間を要したのは、フェルディナント輸送用の大積載能力を持つ特別の8車軸鉄道貨車の配車が遅滞していたからである。

　連隊内に残っていた48両のフェルディナントはすべてニーベルンゲンヴェルケ工場に到着し、フェルディナントの設計者たちには戦闘の過程で必要性が明らかとなった、設計上の変更希望リストが提示された──

「防火対策：
・燃料タンクとエンジンを砲弾の破片から守るため車体上部の通気用グリルの変更；
・排気管からの燃料パイプ保護；
・走行時に泥が排気管に侵入するのを防ぐ追加防護の開発と装着；

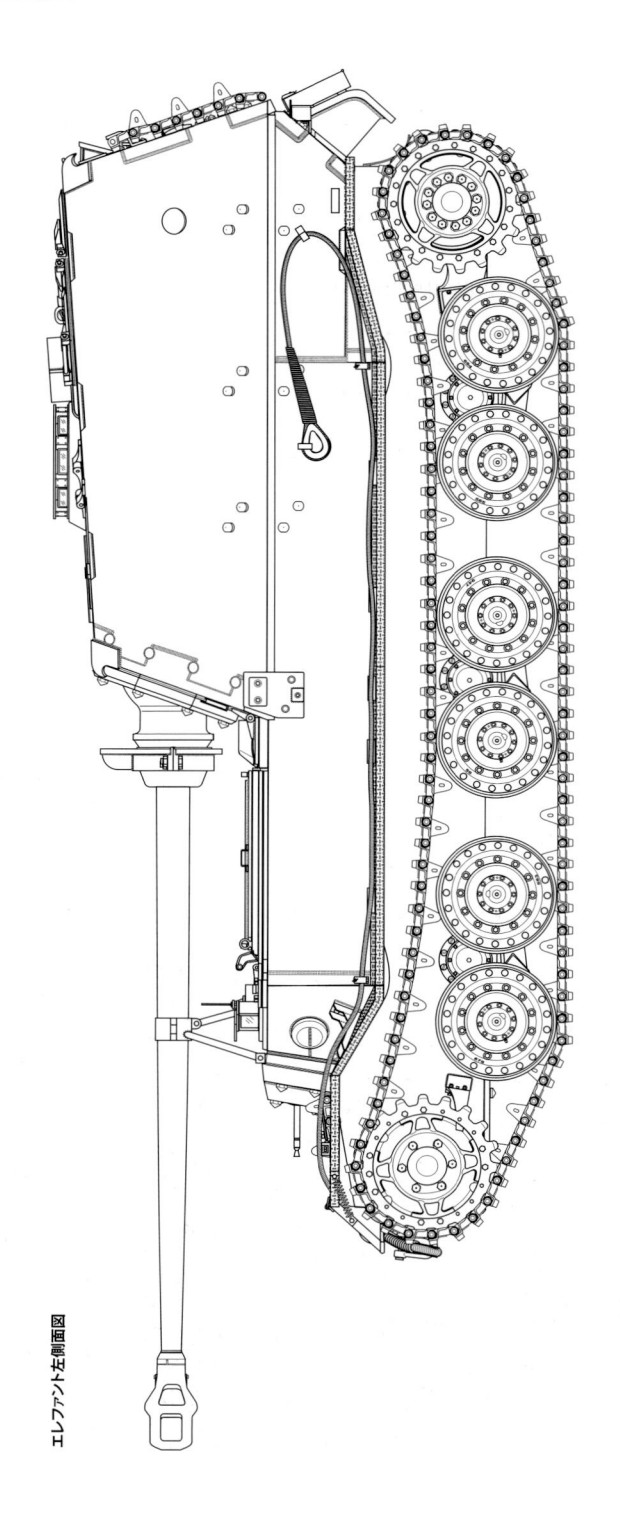

エレファント左側面図

・戦闘室から機関室へのアクセスの改善；
・消火システムの設置（5リッター炭酸ガス式消火器2本）；

地雷対策：
・蓄電池のスプリング式支持架；
・発電機ケージングの固定脚の除去；
・照明発電機支持部の改良；
・弱電設備の作動改良措置：
・ボッシュ社製交流発電機の設置；
・24ボルトから改め12ボルト給電電圧とすること（無線通信の改善のため）；
・車体と戦闘室からの電波障害の除去；
・電流計の損傷防止；

走行装置の構造変更：
・新設計の履帯の開発と製造；
・走向装置のゴムパット交換；

62：ニーベルンゲンヴェルケ工場の試験場で部隊への引渡しを控えた最新のエレファント。1944年春。車体前面装甲板の機関銃と戦闘室上面の車長用キューポラがよく見える。車両の側面はツィンメリット・コーティングされている。(ASKM)

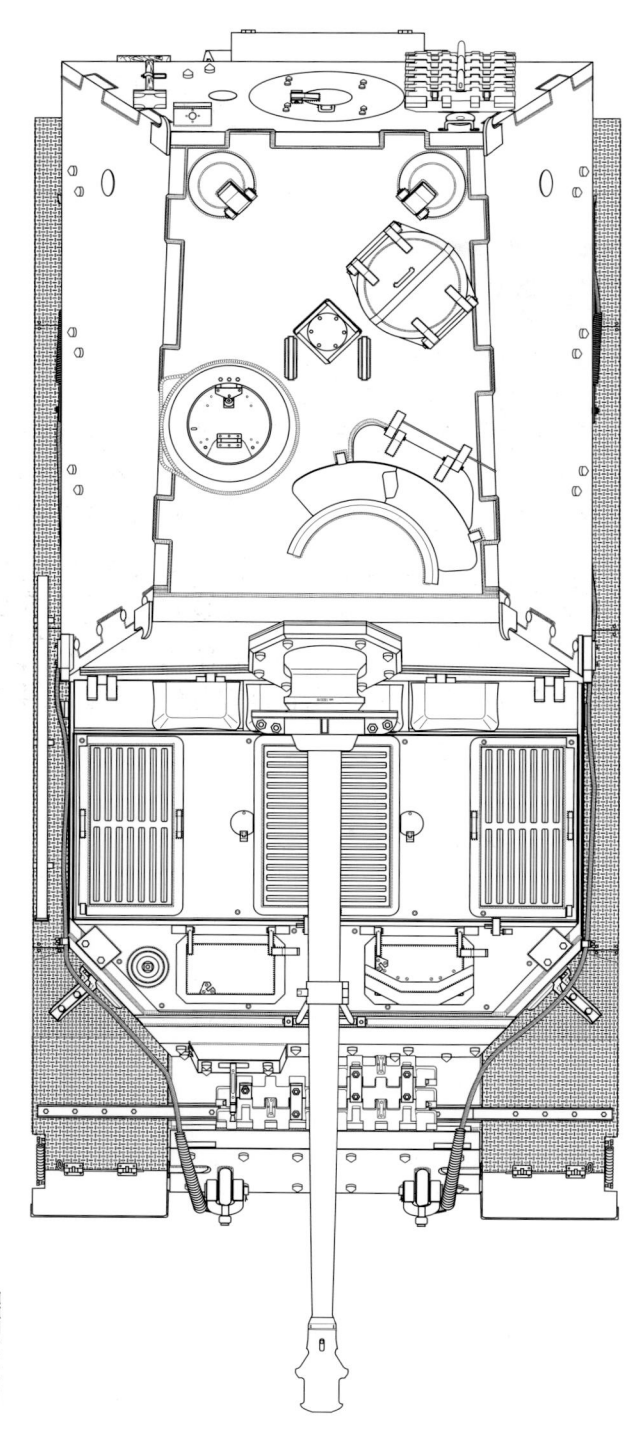

エレファント上面図

63：アメリカ軍に捕獲され、再塗装の後、アバディーンに展示されていた第653大隊第1中隊所属エレファント。（ASKM）

車体構造の変更：
・戦闘室前面装甲板に雨樋を設置；
・下部車体と戦闘室の間の継目部分をシーリング；
・操縦手ハッチと装填手ハッチの開放用補助バネの弾圧を高める；
・車体後部への予備履帯、ジャッキ、工具箱の配置；
・ペリスコープ上に日よけと降水への対策を施すこと；
・後部排気口防護カバーの下に整流板を取り付け；
・機関室デッキの点検用ハッチをヒンジの溶接で強化；

その他の変更措置：
・砲防楯の変更；
・球形マウントの奥を砲弾の破片からの防護すること；
・上部車体天井部の補強または強化；
・戦闘室後部の点検用ハッチを通じた緊急避難を容易にする必要性；
・ペリスコープ付き司令塔の設置；
・無線手用ペリスコープの設置；
・車長、操縦手間の車内通話装置の設置；
・ラジエーターとファン駆動装置の改良；
・後部排気管装甲カバーの固定具の改良」。

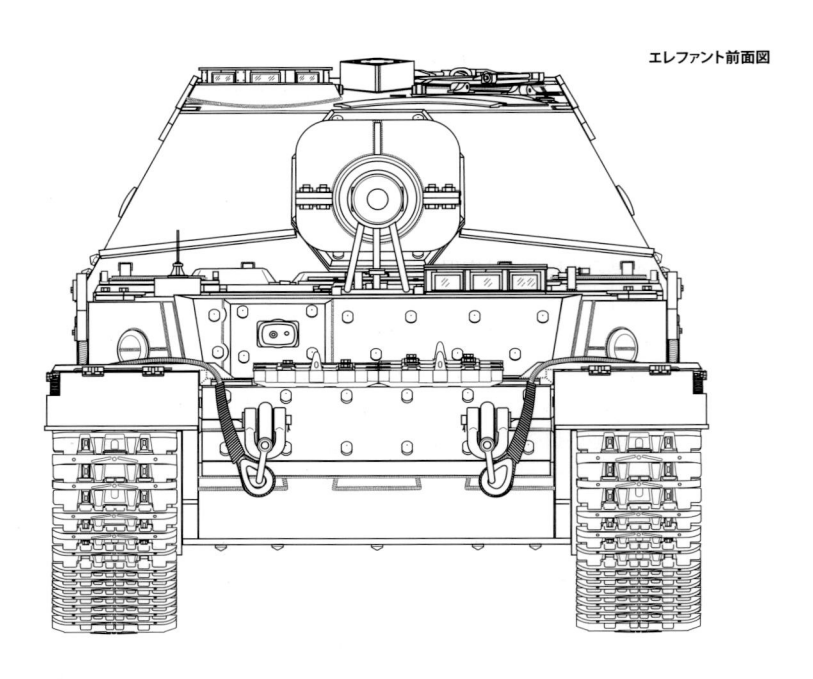

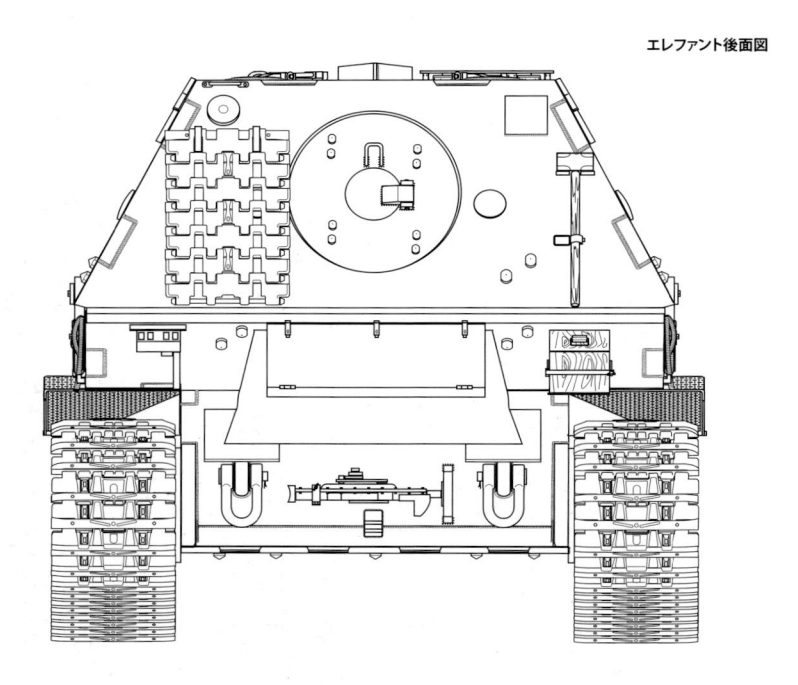

エレファント前面図

エレファント後面図

これらと独立した項目として、近接戦での防御用の機関銃ボールマウントを、車体前面装甲板の無線手席の前方に取り付けることが提起されている。
　フェルディナントの改良作業においてこうした項目がすべて実現されたかどうかは明らかでない。しかし、それらのうちの主な項目——車載機関銃、司令塔、新型履帯の装着、砲の増加防楯と工具の固定具の改良——は実現した。

　ニーベルンゲンヴェルケ工場は1944年の1月に作業を始め、2月には20両のフェルディナントの大修理と改良を終え、3月にはさらに27両の車両を納めた。残りの4両は損傷があまりにひどく（火災と車内での爆発）、短期間のうちに工場で修理させることは不可能であった。さらに、これらの車両を工場で再生するにはかなり高い費用がかかることが判明した。そのためこれらの車両はウィーン兵器廠での修理に引き渡された（ここではまた、Ⅲ号戦車シャシーベースの弾薬輸送車とベルゲパンターの修理も行われた）。
　フェルディナントの改造に関する文書の興味深い一節を抜粋しよう——
　「1944年1月19日　今日までに8両の自走砲フェルディナントを解体。
　それらの組立作業を開始。シュトノからの予備部品はいまだ届かず……。
　1944年1月21日　ニーベルンゲンヴェルケ工場で全力を挙げて進行中のフェルディナントの分解作業の結果と、リンツの予備部品

64：イタリアで米英軍部隊に撃破されたエレファントの後部。1944年6月。この写真からは、尾部に移された工具箱や予備覆帯などがよくわかる。（ASKM）

の保有状況を考え、ザンクト・ヴァレンティンで引き続きフェルディナントの修理を行うこととなる(火災と爆発で大きな損傷を負い、長期修理を要するいくつかの車両(4両)を除いて、これら4両の車両はウィーンの兵器廠が引き取った)……。

1944年2月2日　ニーベルンゲンヴェルケ工場では現時点で24両のフェルディナント自走砲が分解調査済み。最初のグループ(8両)の組立作業は、1944年2月10日頃に完了。しかし、1944年2月1日付の命令により、大修理と改良を経たフェルディナント10～12両からなる中隊の緊急編成が求められている。さらに、設備を整えた修理列車をこの中隊に付与する必要がある。この命令の遂行は修理作業の完了を少なくとも3週間引き延ばした。それゆえ改良作業の納期を遵守することは不可能である。

1944年2月9日　最初の8両のフェルディナントの組立作業はほぼ完了。作業は1944年2月11日に終了するものと期待できる。次の3両については、フェルディナント中隊の編成を至急完了させるために通常修理作業を一時的に停止し、それらの組立作業を加速させる……。

1944年3月1日　8両の自走砲フェルディナントが2月26日に組み立てられ、ザンクト・ペルテンに発送された。それらは編成と戦闘訓練のため第2中隊に引き渡された。残る25両のフェルディナントと2両のベルゲフェルディナントは分解された。

条件に恵まれれば、さらに8両のフェルディナントを1944年3月8日までに組み立てることも期待できる。残る19両の戦車の組み立ては走行装置の部品とエンジングリルの供給如何に左右されるため、これらの部品が届かない限り作業は不可能なままである」。

1943年11月29日、ヒットラーはOKHに対して機甲兵器の名称を変更するよう提案した。この提案は採択され、1944年2月1日付の命令により正式なものとされ、1944年2月27日付の命令によって再び改正の詳細が認められた。これらの文書にしたがって、フェルディナントは新たに、8.8cmポルシェ突撃砲エレファント(Elefant fur 8.8cm Sturmgeschutz Porsche)の制式名が付けられた。先の日付から分かるように、突撃砲の名称の改正は偶然ながら修理済みのフェルディナントが戦列に復帰するタイミングに間に合った。これは車両の区別を容易にした――当初の型がフェルディナント、改良された型がエレファントと呼ばれることになったのである。

65：イタリアへの輸送のため鉄道貨車に積載された第653重戦車駆逐大隊第1中隊のエレファント。1944年2月。(JM)

66：イタリアでアメリカ軍部隊に捕獲された第653大隊のエレファント102号車。1944年6月。現在この車両はアメリカ合衆国アバディーン陸軍兵器戦車博物館に展示されている。(ASKM)

65

66

第7章
イタリア作戦
ИТАЛЬЯНСКАЯ КАМПАНИЯ

　1944年1月22日、アメリカ第6軍団がイタリア戦線のアンツィオとネットゥノの地区に大攻勢を発起した。これに対抗するドイツ軍部隊は激戦を重ねつつじわじわと後退しだした。

　1944年2月1日には第656戦車連隊はOKHから、第653大隊の最初のフェルディナント中隊をイタリア戦線に派遣するためにすぐさま訓練を開始するよう命じられた。これはヒットラーの個人的な発言に起因するものであった。彼はお気に入りのポルシェ博士の突撃砲が、アメリカやイギリスの戦車をやすやすと叩きのめす様を早く見たかったのである。この命令は残るフェルディナントの修理と改良の作業を数週間遅らせることになる。というのも、ニーベルンゲンヴェルケ工場の全力が、イタリア戦線行きの車両の整備に投入されたからである。

　1944年2月15日、第1中隊は11両の改良されたフェルディナントを受領した——もう3両は定められた期間内の修理が間に合わなかった。この中隊にはさらに3両のⅢ号戦車ベースの弾薬運搬車3両と、修理回収車のベルゲフェルディナント1両、18t半装軌式牽引車Sd.Kfz.9、さらにポータル・クレーン1基があった。中隊長にはヘルムート・ウルブリヒト中尉が任命された。

　そして翌16日には大急ぎで中隊はザンクト・ヴァレンティンで鉄道貨車に乗せられ、ザルツブルク、インズブルク、フィレンツェを経てローマに向かい、そこで1944年2月24日、降車した。そこから中隊はヘンザノの街に拠点を移し、戦闘訓練と部隊の態勢を整えることにした。

　フェルディナントは第508ティーガー重戦車大隊の作戦指揮下に入ったが、このティーガー大隊はヘール戦車集団に所属していた（ティーガー・フェルディナント混成大隊、第26戦車連隊大隊、第216ブルムベア突撃戦車大隊、無線誘導ボルグヴァルト中隊）。後にこの集団はヘルマン・ゲーリンク師団、第362歩兵師団と協同行動をとることになった。

　イタリア戦線でフェルディナントが参加した最初の戦闘は、1944年2月28日にドイツ軍部隊がネットゥノ地区で発起した反撃の際に発生し、3月1日にはすでに最初のフェルディナントの損失が出た。その車両は走行装置に大きな損傷を受け、回収することができなかったのだ。

67：イタリア戦線における第653大隊第1中隊のエレファント。1944年4月。奥にはパンター戦車の縦隊が見える。（ドイツ連邦公文書館、以下BA）

　その後の戦闘でフェルディナントは優れた活躍を見せ、第653大隊第1中隊は予備部品が欠如していたにもかかわらず、ローマ防衛戦では最後まで戦闘に参加し続けた。ローマでは2両のフェルディナントが郊外の集落で50両を超えるアメリカ戦車と10時間に及ぶ戦闘を繰り広げ、そのうちの30両以上を撃破しながら自らは損害を出さなかった、ということがあった。
　イタリア戦線における第1中隊のフェルディナントの戦闘参加の動きは、司令部に提出された文書類によって追うことができる——
「1944年2月29日　可動フェルディナント11両；
1944年3月1日　可動フェルディナント10両；
1944年3月5日　可動フェルディナント6両（残る車両は修理中）；
1944年3月10日　可動フェルディナント6両；
1944年3月15日　可動フェルディナント6両；
1944年3月20日　可動フェルディナント6両；
1944年3月25日　可動フェルディナント8両；
1944年3月31日　可動フェルディナント9両」。
　以上のように、1944年3月1日〜30日の第653大隊第1中隊が失ったフェルディナントはわずか2両であり、残る車両は可動状態にあった（第1中隊がフェルディナントのエレファントへの改称の命令を受領したのは1944年5月1日のことであるため、中隊本部の書類には旧称で記されている）。
　1944年の4月と5月も第1中隊はかなり積極的に戦闘に加わっていたものの、1両も車両を失っていない。しかも、フェルディナン

68

69

68：イタリアで米英軍部隊に鹵獲された第653大隊第1中隊のエレファント。113頁下の写真と同じ車両。1944年6月。戦闘室後面にはUの文字──第1中隊長ウルブリヒト大尉（Ulbricht）の頭文字が見える。（ASKM）

69：行軍中のエレファント。イタリア、1944年3月。車体前面に"戦利品"のワイン樽が置かれている。（IP）

トは遠距離の対歩兵戦の手段としても好評を得ることとなった。

しかしその後、ドイツ軍部隊の後退に伴い、損害が急増していく——

「1944年5月25日　申告なし；
1944年5月28日　可動エレファント5両；
1944年5月29日　可動エレファント5両；
1944年5月30日　可動エレファント5両；
1944年5月31日　可動エレファント2両（1両修理中）；
1944年6月01日　可動エレファント2両（1両修理中）；
1944年6月02日　可動エレファント3両；
1944年6月14日　申告なし；
1944年6月18日　可動エレファント1両（2両修理中）；
1944年6月20日　申告なし；
1944年6月21日　申告なし；
1944年6月22日　可動エレファント3両；
1944年6月25日　可動エレファント2両（1両修理中）」。

以後、第1中隊の残存エレファント3両は1944年の7月にサン・カシアーノとフィレンツェの郊外の戦闘に加わり、その後、前線から外された。8月8日に中隊の残存兵力は貨車に載せられ、ウィーンに向けて移送された。このとき中隊内にはエレファント3両とベルゲエレファント1両が残っていた。このように、イタリア戦線において第653大隊第1中隊は8両のエレファントを失い、しかもそれらの大半は故障や燃料の欠乏が原因で、乗員たちによって遺棄されたものであった。

第8章
1944年
ГОД 1944-Й

　ニーベルンゲンヴェルケ工場でのエレファントの修理と改良の作業は1944年3月31日までに終わり、4月2日に第653重戦車駆逐大隊第2、第3中隊はロシアに向かうため、ザンクト・ペルテンでの積載作業が始まった。

　1944年4月6日、大隊はブジェザーヌィ駅に到着し、北ウクライナ軍集団第XXIV戦車軍団の指揮下に入った。この時点で第653大隊が保有していたのはフェルディナント31両（2個中隊に各14両、本部車両3両）、ベルゲフェルディナント2両、ベルゲパンター1両、III号戦車ベース弾薬運搬車3両であった。

　そして2日後には大隊の第2、第3中隊はテルノーポリ方面におけるSS第9戦車師団ホーエンシュタウフェンの攻撃を支援することとなった。フェルディナントはその火力でもってマロヴォーディとチャトキーの集落の奪取に一役買ったが、2400時現在で戦列に残っていたのはわずか4両に過ぎなかった——他の車両はエンジンの過熱で故障していたからだ。この原因は悪路とぬかるんだ土壌にあった。その後の2日間もフェルディナントは戦闘に参加したが、車両の数はすでに少なかった。

　1944年4月16日、第653大隊は新たな作戦で最初の損害を出した——ソ連軍の砲撃で2両のフェルディナントが撃破された。1両は側面に、もう1両は後部に数発の命中弾を受けたのだ。整備中隊は両方の車両を回収したが、自分たちの力で修理できなかった。それから2日後、1両のフェルディナントが射撃中に砲制退器が吹き飛んで、砲手が死亡、車長が負傷した。

　1944年の4月末にはテルノーポリでの戦闘は鎮静化し、第653大隊は車両の修理と態勢を整えるために予備に回された。5月の初頭にフェルディナントをエレファントに改称するヒトラーの命令が届く——これ以後すべての報告書類の中で突撃砲は新しい名称で呼ばれることになった。第653重戦車駆逐大隊長のグリレンベルガー少佐はこの間を利用して、"特殊"車両の開発、製造、試験に関する命令を発した。この命令を受けて大隊の整備中隊は1944年の4月から6月にかけて、戦場に残る撃破された戦車を使い、かなり好奇心をそそるいくつかの特別な車両を自力で造り出した。その中には次のようなものがあった——

　IV号戦車の砲塔を取り付けられたベルゲパンター1両（砲塔は固

定された非旋回式）；

　戦利ソ連戦車T-34をベースにし、正規の砲塔の代わりに、装甲板に囲まれ、全周射撃が可能な四連装20㎜対空機関砲Flak38を搭載した"対空戦車"1両；

　前者と同様の構造でありながら、ベルゲパンターをベースにした"対空戦車"1両；

　戦利T-34のシャシーを利用した弾薬運搬車2両。

　これらすべての作業は大隊技師のアントン・ブルントハーレルの計画と指導の下に進められた。このほか5月の末には、ティーガーⅠの砲塔を搭載したポルシェ・ティーガーが大隊に到着した。この戦車は無線装置が増設され、指揮戦車として運用されることになっていた。また、1944年7月の初頭には4両の修理済みのエレファントが補充のために届いた。これらの車両は、従来の取り外し式の丸い後部ハッチの構造が変更され、蝶板付きの両開きのドアになっていた。

　1944年7月1日現在の第653重戦車駆逐大隊は、以下の編成となっていた――

70：イタリア戦線で爆破され、横転したエレファント。この写真によって、車両底部の構造を見ることができる。（ASKM）

71：ソリアノ市の街路で故障のために乗員が遺棄したエレファント、車両番号124。イギリス軍が検分している。1944年6月。(ASKM)

72：チステルナ付近の、とある街路に佇む第653重戦車駆逐大隊第1中隊のエレファント。1944年3月。(KM)

73-74：エレファントへの給弾は容易な作業ではなかった。1944年4月、テルノーポリ地区。これは第653大隊第3中隊の332号車で、砲弾搭載ハッチと新しい部隊章がよく見える。（JM）

75：エレファントの日々の整備。例えばこのような砲の掃除は大仕事だった。1944年4月、テルノーポリ地区。（JM）

本部（大隊長R・グリレンベルガー少佐、副官K・シェーラー中尉）：
本部戦車小隊……Sd.Kfz.250/3装甲兵員輸送車1両、Sd.Kfz.250/8装甲救急車1両、Ⅳ号戦車砲塔付きベルゲパンター1両、ポルシェ・ティーガー1両；
本部中隊（F・クロース少尉）：通信小隊、工兵小隊、対空小隊（T-34シャシーの四連装20㎜ Flak38対空機関砲1門、Sd.Kfz.7/1半装軌式牽引車に搭載の四連装20㎜ Flak38対空機関砲2門）、偵察小隊（Sd.Kfz.250装甲兵員輸送車1両、エレファント6両、T-34シャシーの弾薬輸送車1両）、医療班、補給班；
第2中隊（W・サラモン中尉）：指揮分隊（エレファント2両）、第1、第2、第3小隊（エレファント各4両）、補給班（Ⅲ号戦車シャシーの弾薬輸送車2両、ベルゲエレファント1両）；
第3中隊（W・ザラモン中尉）：指揮分隊（エレファント2両）、第1、第2、第3小隊（エレファント各4両）、補給班（Ⅲ号戦車シャシーの弾薬輸送車1両、T-34シャシーの弾薬輸送車1両、ベルゲエレファント1両）；
整備中隊（H・デムライトナー少尉）：指揮分隊、整備小隊2個、回収小隊3個、修理所2個。

　このように第653重戦車駆逐大隊は1944年7月1日の時点で34両のエレファントと2両のベルゲエレファント、弾薬輸送車5両、装甲兵員輸送車2両、その他4両の各種車両を保有していた。それに

加えて、18トン半装軌式牽引車やトラック（オペルブリッツ、マウルティア）、乗用車（キューベルワーゲン、シュヴィムワーゲン）、自動クレーン車、トレーラーなどを持っていた。

　1944年7月13日、第1ウクライナ方面軍部隊の攻勢が始まった。これに対峙するドイツ北ウクライナ軍集団は激戦を重ねつつ西方に後退し始めた。第653重戦車駆逐大隊は、リヴォフ方面を守る軍集団右翼で行動していた。エレファントはポメラニアとロガーチンの地区で戦闘を繰り広げ、その後レンベルクの方向に後退していった。このときエレファントの弱点が大きく暴露されてしまった——ごく小さな故障がこの重く機械的に複雑な車両の機能喪失につながり、燃料や耐過重不足の橋によってエレファントが失われていったのである。重量65トンの車両の回収作業は総退却の中で大きな、しばしば解決不可能な問題を引き起こしていった。リヴォフ近郊では、これら鋼鉄の怪物たちの回収が急速に迫りくるソ連軍の攻勢を前にして実質的に不可能となった、オリョール付近での状況が再現されることとなった。

　1944年8月1日までに第653大隊は60％の車両を失い、隊内に残るエレファントはわずか12両を数えるのみであった。撤退の際、ベルゲエレファントと弾薬輸送車、ポルシェ・ティーガー、T-34

76：第653重戦車駆逐大隊第3中隊のエレファントとその乗員。1944年4月、テルノーポリ地区。戦闘室前面装甲板には新しい部隊章が見える。（KM）

77

77：新品のマイバッハエンジンをエレファントに搭載する整備員。1944年4月、テルノーポリ地区。エンジンに直結された発電機もよくわかる写真である。（IP）

78：修理を終えてテスト走行する第653大隊第3中隊のエレファント。1944年6月。予備履帯が車体前面に増加装甲として装着されている。（BA）

およびベルゲパンターの対空戦車、装甲兵員輸送車のすべてと、18t半装軌式牽引車および自動車の大半が撃破または遺棄されてしまった。

　大隊は前線から外され、最初ペレムイシリに、それからクラコフ地区に撤退した。そこで大隊の兵員を重駆逐戦車ヤークトティーガー操縦の再教育のためオーストリアに送り出す命令が届いた。生き残ったエレファントは統合の上、W・ザラモン中尉指揮下の第2中隊に再編成された。装備を整え、さらに2両のエレファント（イタリア戦線から到着）を受領した後、1944年9月19日に第2中隊は第17軍に配属された。ただし、戦闘に参加することはなかった。

79

79：リヴォフ方面の戦闘の後に、第653大隊の編成に残った12両のエレファントのうちの1両。332号車。1944年8月。（ASKM）

第9章
最後の戦い
ПОСЛЕДНИЕ БОИ

　1944年12月15日、第653重戦車駆逐大隊第1中隊は第614独立重戦車駆逐中隊に改称された。この時点で中隊は14両のエレファントを保有し、中隊長はB・コナク大尉であった。12月の末に中隊は第4戦車軍に移された。

　1945年1月12日、エレファントはケルツェの郊外で第1ウクライナ方面軍の進撃部隊との戦闘に突入した。ここでエレファントたちはソ連軍の重戦車IS-2と衝突した。あるエレファントの砲手であったE・シュレンツカの回想によると、IS-2の火力はこれらエレファントの正面装甲を撃ち破ることはできなかった。しかしそれにもかかわらず、1月15日までに中隊のすべてのエレファントが失われ、乗員たちの一部は捕虜となった。

　ところが1945年1月30日には中隊にはすでに4両のエレファントがあった。それらが工場での修理を経て到着した車両なのか、あるいはケルツェ近郊の戦場で回収され修理された車両なのか明らかではない。同じ日に第614重戦車駆逐中隊は後方に送り出され、オッペルン、ブレスラウを経てフランクフルト・オーデル地区へと撤退していった。

　1945年2月25日現在の第614中隊はヴュンスドルフの西方にあり、4両のエレファントを保有していたが、それらは"大修理"を必要としていた。1945年4月22日に第614中隊は、各種の残存戦車部隊から編成され、ベルリンへの南からの近接路のツォッセン地区で行動していたリッター戦闘団に編入された。ここで2両のエレファントが失われ、残る2両はベルリンに後退し、そのカール・アウグスト広場地区で1945年5月1日に赤軍部隊によって鹵獲された。1945年3月31日の日付があるドイツ国防軍機甲総監宛の報告書に出てくるさまざまな部隊の中に、戦車演習場の車両で編成されたクンマースドルフ戦車中隊の名前が登場している。これは戦車小隊3個と装甲偵察小隊1個、それに3両からなる"非可動"（つまり故障）戦車小隊1個を保有していたとされる。この"非可動"車両の中には"1 Tiger Porsche 8.8 L/71"、簡潔に言えばエレファントが含まれている。これがいったいどんな車両なのか、そしてどうしてクンマースドルフにやってきたのか筆者には不明である。もしかしたらこれは、1944年にウィーンで兵器廠が修復した5両の車両のうちの一つの可能性もある。

80：ツォッセン地区で赤軍部隊が鹵獲した、第614独立重戦車駆逐中隊所属のエレファント。1945年4月。(ASKM)

第10章

ソ連におけるフェルディナント
«ФЕРДИНАНДЫ» В СССР

　すでに書いたとおり、ソ連の専門家たちがフェルディナントと対面したのはクルスク戦の直後のことであった。1943年の夏に複数の車両がテストを実施するためにソ連国内の奥深くに回収されていった。それらのうちのある車両はチェリャビンスクの第100試験工場へ、また別の戦術番号501、シャシー番号150072の車両は赤軍機甲総局科学試験場に送致された。このほか1943年の8月から9月の間に2両のフェルディナントがモスクワの戦利兵器展に届けられた。

　フェルディナントはソ連の専門家たちによって調査と試験が行われた。とりわけ彼らの関心をひいたのは電気式トランスミッションと懸架装置であったようで、これらの部位は調査研究が重ねられた。以下に紹介するのは、モスクワ郊外のクビンカの装甲兵器科学試験所で実施された、フェルディナント戦術番号501の走行試験に関する報告書の抜粋である――

　「フェルディナント自走砲の被験車は前線から、走行装置全体がひどく汚れてはいるが可動状態で届いた。しかも多くの装置や機器、例えばすべての制御機器が付いた制御盤や蓄電池充電用発電機2基のうちの1基、空圧ブレーキコンプレッサーが欠如していた。エンジンのうち1基は半分破壊されており、低電圧配線と動力配線は部分的に乱れ、走行装置の2個の転輪も破壊されていたことなどが指摘される。

　この車両は予備部品も車両のマニュアルも皆無の状況で修復され、電気式トランスミッションの配線図は実物を見て作成された（この配線図は後に電気機械工業人民委員部第620工場で細部まで仕上げられた）。

　試験を開始する際、燃料系統のひどい汚れによりエンジンの作動に異常があり、また試験の途中で電気モーターのカプリングの機能障害（スプリングの緩み）が確認された。後者の原因は、試験開始当時にはブレーキの空圧油圧システムのコンプレッサーが欠如していたことと、車両操作の未熟によりブレーキのかけ方を誤ったことである。その結果クラッチのスリップと過熱につながった。

　その後はすべてのシステムが全般的には円滑、確実に動いた。試験の間、何らかの装置がその不完全性のゆえに作動しなかったり、あるいは作動に問題があったりするケースは皆無であった。フェル

81:NIBT（機甲科学試験試射場に各種試験のために届けられた戦術番号501（シャシー番号150072）のフェルディナント前面。1943年。フェンダーには第654重戦車駆逐大隊のNの文字（大隊長ノアク少佐の頭文字）が見える。(ASKM)

　ディナントの電気式トランスミッションの試験は、電気機械工業人民委員部第627工場と共同で、NKPO科学試験所の専門技師たちの参加の下で実施された（原資料中の「NKPO」（＝不詳）は「NKPS」（＝交通人民委員部）の誤りと思われる：著者注）。

フェルディナント自走砲の試験

　自走砲フェルディナントは試験場における試験の際に150km走行した。そのうち100kmは主に電気式トランスミッションの調査のために、残り50kmは自走砲の性能を明らかにするための走行である。

　50km走行は試験場〜クビンカ〜アガフォーノヴォ〜プローツコエのコースと、さらにこれと同じコースを逆戻りして実施された。

　自走砲はこの走行試験の中で38kmは不整地道路を、12kmは舗装道路を走った。ただし、上り坂、下り坂の踏破はこれに含まない。

直進走行時の安定性

　自走砲の直進走行の安定性をはかる試験は、100m区間の不整地道路で行われた。試験時のコントロールレバーは最も前方の位置にあった。100m走行試験では常に、車両が脇に逸れることはなかっ

た。50km走行においてはいかなる土壌でも、時速25kmまでの速度では電気式トランスミッションは安定した直進走行を確保した。

その後に電気モーターを直列接続し、モーターの直列的な励磁がなされても直進走行に安定性があるのは、電気モーター内の分巻反接続コイルの存在によるものだ。この組み合わせで、片方の履帯のスピードが不意に上昇し、それに応じてこの履帯の電気モーターの電圧が上昇した場合、分巻コイルがこのモーターの回転モーメントを下げる。そしてモーターの回転速度と端子の電圧を低下させることになり、両方の履帯の作動の同時性を確保する。

走行速度

平坦で乾燥した不整地道路において自走砲の最大走行速度は時速22kmを得、しかも一次エンジンにより得られる出力は最大値に近かった（毎分2,800～3,000回転でスロットル全開）。

平坦なアスファルト舗装道路（モジャイスコエ街道での計測）での最大走行速度は、一次エンジンの出力が最大でなくとも時速35kmに達した。

しかしドイツ軍は、名目上のトルクが毎分1,300回転となっている電気モーターの過負荷を避けるため、操縦手には（注意書きに）走行速度が時速20kmを超えないように促している。

82：フェルディナント501号車の後面。機甲科学試験試射場、1943年。戦闘室後部装甲板のハッチは欠落しけており、尾部には車体番号とNの文字が見える。（ASKM）

83

83：フェルディナント第501号車の全体像。機甲科学試験試射場、1943年。現在この車両はモスクワ州クビンカの機甲兵器戦史博物館に展示されている。（ASKM）

　ドイツ軍が得た自走砲の最大走行速度は、一次エンジンの出力を最大限活用した場合の乾燥した不整地道路上での最大速度に一致する。この条件下での大きな走行速度の達成は、一次エンジンの出力に制限される。
　一次エンジンの出力をフル活用した時のデータに基づき、自走砲が時速20kmで不整地道路を走行し、電気モーターの回転過負荷を1.5倍とする場合、ドイツ軍は最終減速機の減速比を15に設定することにしていた。
　舗装道路上での自走砲の最高速度は、牽引電気モーターの最大許容トルク（毎分2,000回転）にのみ制限される。この際使用される一次エンジンの出力は最大出力の50％以下である。
　自走砲は50kmコースを3.58時間で走破した。
　すなわち、平均走行速度は時速14kmになる。軟弱な農耕地での自走砲の走行速度は時速5〜6kmで、履帯は地中に150〜180mm沈み込む。

自走砲の後進

　後進速度の計測は平坦な不整地道路で行われた。コントロールレバーは最も後方の位置にあり、このときの後進速度は一次エンジン

から得られる出力の大きさ（つまりスロットルの開放度）にのみ左右される。後進速度は時速2kmから時速12.7kmの間であった。

　この道路の同じ区間での前進最高速度は時速22kmが得られている。

　後進速度が時速5〜6kmを超えると車両は震動を始める。この震動（揺れ）によって、履帯の上部が引き延ばされ、その起動輪と後部転輪との間の履板が大きく垂れ下がり、その結果しばしば履板が詰まりを起こす。

傾斜地の登坂

　上り坂と下り坂の踏破試験のために、プローツコエ地区の深い芝生で覆われた窪地が選ばれた。踏破区間の全長は40mである。自走砲は前進で30度の勾配の上り坂と下り坂を踏破。後進では勾配28度の上り坂と下り坂を踏破。上り坂は、履帯にグローサーを追加使用しなくとも踏破することができた。

　試験の際、自走砲は勾配15度までの傾斜地は容易に踏破した。急勾配の傾斜地の踏破は、走行装置の故障を引き起こす。試験場にフェルディナントは1両しかないため、試験期間が長期化する恐れがあるために行われなかった。

　自走砲の旋回はコントロールレバーによって行われ、しかもその

84：戦利兵器展で2両が展示されたフェルディナントのうちの1両。モスクワ市ゴーリキー記念中央文化保養公園、1946年。右の車両はSd.Kfz.251/12。(ASKM)

85：モスクワの戦利兵器展にあったもう1両のフェルディナント。1946年冬。（ASKM）

86：フェルディナント501号車の左側面。機甲科学試験試射場、1943年。榴弾が戦闘室の側面に命中した痕がよくわかる。（ASKM）

87-88：登坂試験中のフェルディナント501号車。

ためには車両の旋回方向側のコントロールレバーを手前にゆっくりと引き寄せなければならない。

フェルディナント自走砲の設計と試験結果に関する総括的結論
1. 戦術面
　自走砲フェルディナントは砲撃と装甲防御の威力から重突撃砲に分類され、主に対戦車戦を目的とするものである。その対戦車戦運用の欠点は時速20kmという遅い平均走行速度と、とくに軟弱な土壌での大きな接地圧（履帯の地中沈降なしで1.35kg/㎠）が原因の遅い旋回運動である。

2. 装甲車体と砲塔
A）装甲の材質はクロムニッケルモリブデン鋼であり、T-3、T-4、T-6や突撃砲（Pz.Ⅲ、Pz.Ⅳ、Pz.Ⅵ、StuH42：著者注）の装甲よりも高品質で、それは従前採用されていたクロムモリブデン鋼に0.6〜1.7％の範囲でニッケルを添加することによるものだ。この際モリブデンの含有は0.2〜0.64％から0.15〜0.36％に減る。
B）装甲板をほぞ継ぎして両側から溶接する接合方法は、継ぎ目を頑丈にしている。同様の接合方法は重戦車パンターとティーガーにも採用されている。
C）車体の強力な装甲、とりわけ装甲板で強化された前面装甲［増加の装甲板を張り合わせていることを意味している］は、国産［ソ連製］の中口径対戦車砲や中戦車、重戦車の戦車砲に対する自走砲の防御力を強化しようとドイツ側が志向していること示すものである。
D）車体の形状は装甲板の傾斜角と防御力の点でドイツのT-6戦車［ティーガー］よりも優れているが、近年の戦車、とくにドイツのパンター戦車に比べると劣っている。
E）車体の欠点としてはまた、車底に脱出用ハッチがないことが挙げられる。

3. 車体内部の設備配置（レイアウト）
A）動力装置と操縦装置はコンパクトに配置され、取り扱いと点検に便利である。欠点は電気スターターにアクセスできないことで、スターターの点検は車両から右または左エンジンを発電機とともに取り出さなければできない。
B）換気・冷却装置ブロックもコンパクトかつ便利に（砲塔の前方に）取り付け、配置されている。
C）レイアウト上の欠点は操縦室と戦闘室が完全に分断されている点であり、操縦手または無線手が戦闘能力を喪失した場合、戦闘条

89-90：1943年7月20日、21日の射撃耐性テストを終えたフェルディナント。多数の砲弾の命中痕や貫通孔がはっきり見える。（ASKM）

89

90

件下において彼らを交替させることは不可能である。

4. 動力装置
A）一次エンジンの最大出力（600馬力）の動力装置は、戦闘重量約70トンのこの車両にとっては不十分である。その関係で一次エンジンの出力は、不整地道路での車両の最高、巡航速度を（時速20km以下に）制限している。

舗装道路での最高速度は（減速機比15の場合）、牽引電気モーターの最大許容トルク毎分2,000回転（時速20km以下）に制限される。
B）動力装置は設計上、報告書にも指摘されている一連の独特な部位があり、中でも一次エンジンと発電機の強固な接合が挙げられる。
C）燃料節約の点で一次エンジンは既存の輸送車用キャブレター付きガソリンエンジンとの違いはない。

5. 換気システム
A）戦闘室内にエアフィルターを設置し、清浄な空気をエンジンに供給することを可能にし、エンジンが早期に故障するのを良く防いでいる。
B）エンジンへの戦闘室からの給気は戦闘室の換気を効果的にしている。
C）換気装置の直近にラジエーター（水冷式）をコンパクトに配置し、冷却ファンを採用することで、ラジエーターからの放熱を効果的にしており、それは空気温度の大きな落差を示すデータ（50〜52度）から分かる。
D）運転時にすべての換気装置が消費する出力は、一次エンジンの最大出力の10％を超えない。

6. 走行装置
A）走行装置はよく土壌を噛む履帯を持ち、動力装置の出力をフル活用すれば、前進の際に勾配30度の上り坂を、後進の際は勾配28度の上り坂を踏破することが可能になる。
B）走行装置の独特な部位は、かつて戦車に採用されたことはなかった転輪内部にゴムの緩衝材を入れた、外装縦トーションバータイプの転輪アーム懸架装置である。70トンの車両へのスプリング装着は一連の困難を想像させるが、この画期的な問題解決法は技術上の関心を抱かせるものだ。
C）走行装置の欠点は、後進の際に履帯が"引き延ばされ"（履帯の上部が水平に近い状態となり）、起動輪と後部転輪との間で履板が寄り集まってしまい、その結果時速5〜6km以上で動くと車両が強く震動する。

この状況は後進速度を時速5～6kmに制限することになり、車両の機動性を低下させている。

7. 航続距離
A）良好な不整地道路を車両が平均時速14～15kmで進む場合、動力装置は毎時85kgの燃料を消費する。燃料満載（810～820kg）状態では航続距離は120～130kmになる。
B）より厳しい道路条件（ひび割れた路面、泥濘地、未開墾地）では毎時の燃料消費量は増加し、したがって航続距離も80～90kmに低下し、既存のあらゆる戦車の航続距離よりもはるかに短くなる。

8. 作動信頼性
A）試験時、すべての動力装置、特に電気式トランスミッションは確実に作動した。
B）走行装置のすべての要素は確実に作動した。

9. 電気式トランスミッション
トランスミッションの電気回路は次の肯定的データを有する——
A）原理上の簡潔さと高い作動信頼性；
B）一次エンジン最高出力の活用が確実；
C）車両走行の各種条件下においても一次エンジンの最適状態での作動が可能；
D）旋回時のエネルギー再配分が可能；
E）車両走行の無段階式変速、スロットルの状態に応じた自動変速と走行抵抗の自動変化；
F）前進時の直進走行の安定性。

10. 走行操縦の便利性
A）自走砲フェルディナントは電気式トランスミッションの採用により、既存のあらゆる装軌式車両と比べて最も操縦しやすい車両である。操縦のすべては、操縦手が足で軽くアクセルペダルを踏み、また同じように軽くコントロールレバーを動かすことで済む。
B）容易な操縦は長距離走行の際に操縦手を疲労させず、地形と戦場の観察により多くの注意を払うことを可能にしている。

11. 機動性
　自走砲フェルディナントは旋回性は比較的良好ながらも、走行速度が遅いために機動性は悪く、その点では現代の戦車に劣っており、砲の照準射撃に対して脆弱である。

91.ポヌィリー駅付近での戦闘後を撮影──2両のフェルディナントとソ連軍のT-70戦車2両、T-34戦車3両が撃破されているのがわかる。(RGAKFD)

ドイツ自走砲フェルディナントの試験結果に関する総括

1. この兵器は操縦が容易で旋回性も満足できるものでありながら、総じて機動性が悪く、その結果走行速度が遅いため、強力な砲と分厚い装甲がもたらす戦闘性能の水準を相当程度押し下げている。
2. 国内［ソ連］の産業にとっては、これほど重い車両の緩衝をしっかり保障する走行装置の懸架装置が注目される。
3. 本車両に使われた電気式トランスミッションが、その原理上の簡潔さと高い作動信頼性、試験によって明らかとなったその他一連の肯定的性能のゆえに、同様の回路を国産重戦車に応用することは合理的とする観点から、わが国の産業にとって直接的な関心を呼び起こすものである」。

現在、フェルディナント501号車はモスクワ郊外はクビンカの機甲兵器戦史博物館に展示されている。さらに、イタリアで鹵獲されたエレファントがアメリカのアバディーン陸軍兵器博物館にある。しかし他に、このタイプの車両は現存していない。

92：モスクワ州クビンカ機甲兵器戦史博物館に展示されている、フェルディナント第501号車。(ASKM)

F・ポルシェ博士設計の重戦車および自走砲の性能諸元

兵器名称	Pz.Kpfw.VI "Tiger" VK4501(P)	Tiger(P)"Ferdinand" (Sd.Kfz.184)*	Bergepanzer Tiger(P) (Sd.Kfz.184/2)
戦備重量(t)	59	65	51
乗員(名)	5	6	4
寸法(mm)			
全長	9,340/6,700	8,140	6,700
全幅	3,140	3,380	3,380
全高	2,800	2,970	データ不明
地上高	480	485	485
覆帯幅	640	640	640
装甲厚(mm)			
車体前面	100	100+100	100
車体側面	80	80	80
車体後面	80	80	80
砲塔(戦闘室)前面	100	20	50
砲塔(戦闘室)側面	80	80	30
砲塔(戦闘室)後面	80	80	データ不明
天蓋部	30	30	30
車底部	20	20+30	20
兵装:			
砲、型x口径	KwK36x88	StuK43(Pak43/1)x88	—
砲身長(口径)	56	71	—
機銃、搭載数	2xMG34	-(1xMG34)	1xMG34
携行弾薬(発)			
砲弾	70	65	—
銃弾	1,300	600	データ不明
エンジン:			
タイプ	ポルシェ101/1	マイバッハHL120TRM	マイバッハHL120TRM
馬力	2x320	2x265	2x265
排気量(cm³)	15,060	11,867	11,867
圧縮比	5.9:1	6.2:1	6.2:1
rpm通常/最大	2,000/2,500	2,600	2,600
冷却方式	空冷	水冷	水冷
駆動、操向装置	すべてガソリンエンジン電気モーター直結駆動		
接地圧(kg/cm³)	1.06	1.2	0.9
燃料タンク(数x容量ℓ)	1x520	2x540	2x540
最高速度(km/h)	35	22	27
航続距離(km)	80	150	170

*注:カッコ内の数字はエレファントのデータ

参考文献および資料出所

1. ロシア国立経済資料館：ソ連重工業人民委員部、ソ連重機械製作工業省、ソ連戦車工業人民委員部、ソ連戦車工業人民委員部第3総局、輸送機械製作省第1総局の各フォンド
2. 国防省中央資料館：赤軍機甲総局、中央方面軍装甲機械化軍司令官管理室、ブリャンスク方面軍装甲機械化軍司令官管理室、第1ベロルシア方面軍装甲機械化軍司令官管理室、第2ウクライナ方面軍装甲機械化軍司令官管理室、第3ウクライナ方面軍装甲機械化軍司令官管理室、中央方面軍砲兵司令官管理室、第13軍野戦管理課、第70軍野戦管理課、機甲科学試験場、ゴロホヴェーツ砲兵科学試験場の各フォンド
3. 『自走砲フェルディナントの試験に関する報告書』赤軍機甲総局機甲科学試験場、1944年作成
4. 『1943年7月のドイツ突撃砲フェルディナントの活動と損害』赤軍機甲総局機甲科学試験場、1943年9月作成
5. Walter J. Spielberger, Hilary L. Doyle, Thomas L. Jentz. "Schwere Jagdpanzer" -- Stuttgart, Motorbuch Verlag, 1996.（邦訳は弊社刊 『重駆逐戦車』 1994年）
6. Walter J. Spielberger. "Der Panzerkampfwagen Tiger und seine abarten" -- Stuttgart, Motorbuch Verlag, 1996.（邦訳は弊社刊 『ティーガー戦車』 1998年）
7. Karlheinz Münch, "Combat History of the schwere Panzerjäger abteilung 653" -- Winnipeg, J. J. Fedorowicz Publishing Inc., 1996.（邦訳は弊社刊 『第653重戦車駆逐大隊戦闘記録集』 2000年）
8. Karlheinz Münch, "Combat History of the schwere Panzerjäger abteilung 654" -- Winnipeg, J. J. Fedorowicz Publishing Inc., 2001.
9. M・スヴィーリン執筆「重突撃砲フェルディナント」、『アルマダ』（モスクワ市、エクスプリントNV社刊、1999年）
10. M・スヴィーリン執筆「フェルディナントの初陣」、『タンコマーステル』誌 第4～6号所収、1998年発行
11. 著者個人所蔵文献

［著者］
マクシム・コロミーエツ
1968年モスクワ市生まれ。1994年にバウマン記念モスクワ高等技術学校（現バウマン記念国立モスクワ工科大学）を卒業後、ロシア中央軍事博物館に研究員として在籍。1997年からはロシアの人気戦車専門誌『タンコマースチェリ』の編集員も務め、装甲兵器の発達、実戦記録に関する記事の執筆も担当。2000年には自ら出版社「ストラテーギヤKM」を起こし、第二次大戦時の独ソ装甲兵器を中心テーマとする『フロントヴァヤ・イリュストラーツィヤ』誌を定期刊行中。最近まで内外に閉ざされていたソ連側資料を駆使して、独ソ戦の実像に迫ろうとしている。著書、『バラトン湖の戦い』は小社から邦訳出版され、『アーマーモデリング』誌にも記事を寄稿、その他著書、記事多数。

［翻訳］
小松徳仁（こまつのりひと）
1966年福岡県生まれ。1991年九州大学法学部卒業後、製紙メーカーに勤務。学生時代から興味のあったロシアへの留学を志し、1994年に渡露。2000年にロシア科学アカデミー社会学・政治学研究所付属大学院を中退後、フリーランスのロシア語通訳・翻訳者として現在に至る。訳書には『バラトン湖の戦い』、『モスクワ上空の戦い』（いずれも小社刊）などがある。

独ソ戦車戦シリーズ 14

重突撃砲
フェルディナント
ソ連軍を震撼させたポルシェ博士のモンスター兵器

発行日	2010年5月27日　初版第1刷
著者	マクシム・コロミーエツ
翻訳	小松徳仁
発行者	小川光二
発行所	株式会社 大日本絵画 〒101-0054　東京都千代田区神田錦町1丁目7番地 tel. 03-3294-7861（代表）
企画・編集	株式会社 アートボックス tel. 03-6820-7000　fax. 03-5281-8467 http://www.modelkasten.com
装丁	八木八重子
DTP	小野寺徹
印刷・製本	大日本印刷株式会社

ISBN978-4-499-23023-0 C0076

販売に関するお問い合わせ先：03(3294)7861　㈱大日本絵画
内容に関するお問い合わせ先：03(6820)7000　㈱アートボックス

ФРОНТОВАЯ
ИЛЛЮСТРАЦИЯ
FRONTLINE ILLUSTRATION

ФЕРДИНАНД
БРОНИРОВАННЫЙ
СЛОН
ПРОФЕССОРА ПОРШЕ

by Максим КОЛОМИЕЦ

©Стратегия КМ 2007

Japanese edition published in 2010
Translated by Norihito KOMATSU
Publisher DAINIPPON KAIGA Co.,Ltd.
Kanda Nishikicho 1-7,Chiyoda-ku,Tokyo
101-0054 Japan
©2010 DAINIPPON KAIGA Co.,Ltd.
Norihito KOMATSU
Printed in Japan